机载武器传递对准技术

宋丽君　著

西安电子科技大学出版社

内 容 简 介

随着现代战争的发展，空中领域已经成为各国战术武器争夺的热点，捷联惯性导航系统以其自主性强、成本低、工作可靠等优点成为机载战术武器导航设备的首选。由于捷联惯性导航系统没有实体平台，因此在弹载捷联惯性导航系统工作之前，要先进行初始对准，而弹载捷联惯性导航系统初始对准所需信息是由机载主惯性导航系统提供的，即需进行传递对准。

本书结合编者多年来对机载战术武器传递对准及精度评估的研究成果，结合惯性导航技术建设的实际需求而编写。全书共 6 章，详细介绍了快速传递对准的相关知识，涉及惯性导航技术的基本理论及传递对准的基本匹配方案，并将 H_∞ 次优滤波和联邦模糊自适应卡尔曼滤波方法应用到传递对准中，最后对传递对准精度进行了评估。

本书可作为学习机载导弹导航技术的研究生的参考用书，也可供从事传递对准研究的科研与技术人员参阅。

图书在版编目(CIP)数据

机载武器传递对准技术/宋丽君著. —西安：西安
电子科技大学出版社，2020.4(2022.3 重印)
ISBN 978 - 7 - 5606 - 5481 - 2

Ⅰ. ① 机⋯　Ⅱ. ① 宋⋯　Ⅲ. ① 军用飞机—机载设备—惯性导航系统—研究
Ⅳ. ① V271.4

中国版本图书馆 CIP 数据核字(2020)第 042202 号

策划编辑　刘百川
责任编辑　曹　锦　阎　彬
出版发行　西安电子科技大学出版社(西安市太白南路 2 号)
电　　话　(029)88202421　88201467　　邮　　编　710071
网　　址　www.xduph.com　　　　电子邮箱　xdupfxb001@163.com
经　　销　新华书店
印刷单位　广东虎彩云印刷有限公司
版　　次　2020 年 4 月第 1 版　2022 年 3 月第 2 次印刷
开　　本　787 毫米×1092 毫米　1/16　印　张　8
字　　数　106 千字
定　　价　24.00 元
ISBN 978 - 7 - 5606 - 5481 - 2/V

XDUP 5783001 - 2

＊＊＊如有印装问题可调换＊＊＊

前　　言

随着当今军事科学技术的发展及国际军事形势的变化，军事强国纷纷发展具有快速反应能力和全球作战能力的战斗机、运输机，以便在最短的时间内将大量的作战兵力、作战物资运输到战争前线，抢占先机先发制人。

本书结合某型中程空-空导弹中制导光纤捷联惯性导航系统的传递对准和精度评估方案研究课题，对传递对准匹配方案、滤波技术和评估方案进行了理论分析及仿真，以期为相关领域的工程实践提供参考。

全书共 6 章，主要内容包括：

（1）分析杆臂效应及机翼弹性变形的形成原因，提出杆臂效应补偿算法，建立机翼挠曲变形模型和颤振模型。

（2）介绍传递对准的基本匹配方案，通过对机载导弹捷联惯性导航系统传递对准的三种基本匹配方案（速度匹配、姿态匹配、角速度匹配）及其组合匹配方案（速度＋姿态匹配、速度＋角速度匹配）的理论分析，指出各种匹配方法的优缺点，以此作为匹配方案的选择依据。

（3）设计速度＋姿态匹配和速度＋角速度匹配传递对准的 H_∞ 次优滤波器。在机翼弹性变形无法建模的情况下，H_∞ 次优滤波方法具有速度快、精度高、鲁棒性好的特点，而且更符合工程应用的实际情况。

（4）设计速度＋姿态匹配和速度＋角速度匹配传递对准的联邦模糊自适应卡尔曼滤波器。在系统动态模型和噪声的统计特性不确定的情况下，联邦模糊自适应卡尔曼滤波器能够较好地估计出弹载捷联惯性导航系统的初始姿态失准角。

（5）设计并完成传递对准精度定量评估在实验室条件下的验证试验。在该试验中，高精度激光捷联惯性导航系统为主惯性导航系统，中低精度光纤捷联惯性导航系统为子惯性导航系统，双轴位置转台提供姿态基准，评估方法采用卡尔曼固定点平滑算法。

自本书编写工作启动以来，得到有关传递对准方案研究领域多位权威专家和资深学者的关心、支持与鼓励，在西安电子科技大学出版社的帮助下，在段中兴、赵万良、邵添羿、李兆强、丁有军、何星、吴枫、成宇翔、李绍良等人的共同努力下，本书顺利与各位读者见面了。在此，向他们表示衷心的感谢与深切的敬意。

虽然作者对本书的组织和编写竭尽全力，但鉴于时间、知识和能力的局限，书中难免会存在各种问题，恳请各位专家、学者以及全体读者不吝赐教，及时反映本书的不足。

作　者

2020 年 1 月

目　　录

第1章 绪 论

战术导弹(Tactical Missile)是用于毁伤战役战术目标的导弹,通常射程在1000 km 以内的,多属近程导弹,主要用于打击敌方战役战术纵深内集结的部队、坦克、飞机、舰船、雷达、指挥所、机场、港口、铁路枢纽和桥梁等目标。20世纪 50 年代以后,常规战术导弹曾在多次局部战争中被大量使用,成为现代战争中的重要武器之一。

战术导弹的机动发射一般可以分为地面机动、水面机动、水下机动和空中机动四种。空中机动发射方式与其他几种方式相比,具有发射费用低,准备时间可知,机动性、隐蔽性好等一系列优点。从理论上讲,采用空中发射技术的载机,几乎不受地理位置的限制,可以在世界任何地方起飞,并在目标外围的任何方向,自高空任意发射导弹,而采用空中机动发射方式可以使载机尽量靠前部署,以载机的航程代替导弹的射程,用以弥补中短程导弹射程的不足,使其具备远程战略打击的能力。此外,空中机动发射方式还省去了庞大的地面发射场,这是因为导弹的测控仪器等设备也可以安装在载机上,节省了地面发射场的维护费用。据俄罗斯专家测算,从地面发射 1 kg 有效载荷需 2.5 万~3 万美元,在海上(水面)发射需 0.7 万~0.9 万美元,而空中发射仅需 0.5 万~0.6 万美元。

进入 21 世纪以来,以惯性导航系统作为主要导航设备的机载导弹层出不穷,在载机上快速而准确地对机载导弹进行传递对准成为目前机载导弹捷联惯性导航系统研究的一个热点问题。

1.1　惯性导航技术概述

惯性导航（简称惯导）是一种自主式的导航技术，用于对运动体的姿态和位置等参数进行确定。惯性导航的自主性强、隐蔽性好，导航信息完善，是实现运动体自主式控制和测量的最佳手段。惯性导航技术已经有几十年的发展历史，是现代科学技术中一门重要的学科，在航空、航天、航海等军事领域以及许多民用领域都得到了广泛的应用。随着现代科学技术的发展，对惯性导航技术的要求也越来越高。惯性导航技术的发展主要经历了以下几个阶段。

1. 平台式惯性导航系统

平台式惯性导航系统是具有实体的陀螺稳定平台，它使用陀螺稳定平台建立起一个三维空间坐标系，不仅体积和重量大，而且系统性能受到机械结构的复杂性和极限精度的制约，再加上产品可靠性和维护方面的问题，其成本十分昂贵。美国 MIT 研制的空间稳定惯性基准设备（SPIRE）是最早的惯性导航系统之一，它有 5 个常平架，其直径为 1.5 m，质量为 908 kg，系统精度约为 0.925 km/h。到 20 世纪 70 年代，美国空军 MX 洲际弹道导弹使用的高级惯性基准球（AIRS）代表了机械实现技术的顶峰。它采用浮球平台结构，直径减小到 0.5 m，质量为 52 kg，系统精度提高了一个数量级以上[1,2]。

2. 捷联惯性导航系统

捷联惯性导航系统没有实体的稳定平台，它直接把陀螺仪和加速度计安装在运载体上，用数学平台来代替传统的机械平台，具有结构简单、可靠性高、便于维护等优点。

20 世纪 70 年代以来，对捷联惯性导航系统的研究取得了突破性进展，并得到了广泛的应用。由于捷联惯性导航系统的惯性器件直接固联在载体上，因此陀螺所承受的角速率动态范围与平台式惯性导航系统的截然不同。捷联惯性导航系统是以度每秒((°)/s)为单位的，而平台式惯性导航系统则以度每小时((°)/h)为单位。美国首先研制出用于空间飞行器的捷联惯性导航系统。1969 年，在阿波罗-13 服务舱发生爆炸时，捷联惯性导航系统作为宇航飞船的应急备份装置，在将飞船引导到返回地球轨道上的过程中起了决定性作用。

3. 组合导航系统

现代高性能飞机对导航精度和可靠性的要求越来越高，如要求导航系统能提供全面、精确的导航定位信息；不受气候条件的影响，能全天候工作；隐蔽性强，不辐射雷达可测的电磁波；自主性强，抗干扰性能好等。但到目前为止，没有哪一种导航设备单独使用就能满足这些要求。如果能把几种导航设备组合起来，取长补短，那就可以发挥各自的优势，取得全面的导航性能。20 世纪 80 年代出现的组合导航系统，就是为了弥补单一导航系统的不足而发展起来的。根据不同要求可设计各种不同的组合导航系统，其中惯性导航系统突出的优点使得它成为各种组合导航系统的首选。组合导航系统发展的趋势是小型化、数字化、全自动化以及多功能化。组合导航系统采用多功能、多模式的体制，即将多种传感器、多模式工作方式、滤波和逻辑职能计算技术、自动控制系统理论应用结合为一个整体，形成集成化组合导航系统[3,4]。

目前应用较多的组合导航系统有 GPS/惯性导航系统、地形辅助惯性导航系统、多普勒/惯性导航系统、天文/惯性导航系统等。其中以 GPS(全球定位系统)/惯性导航系统组成的组合导航系统最为常用。GPS 等外部基准信息可修正惯性导航系统随时间积累的位置误差，而惯性导航系统的反馈信息又拓宽了 GPS 的动态范围[5-9]。

1.2　传递对准的发展与应用

海湾战争和科索沃战争的经验表明，在现代战争中夺取制空权具有决定性的意义。要想在空中对抗中获胜，必须拥有先进的载机和机载武器。空基战术导弹一般采用中制导和末制导方式实现对目标的精确打击。常用的末制导方式有电视制导、红外制导、雷达制导等，由于末制导方式的工作范围有限，为了保证导弹末制导时能够正常寻的，导弹的中制导方式必须达到一定的精度。惯性导航制导是中制导的主要方式，其任务就是将导弹导引到末制导能发挥作用的范围内[10, 11]。

惯性导航系统在工作之前，其导航坐标系是不确定的。为建立合适的导航坐标系，惯性导航系统在进入导航状态之前要先进行初始对准。

由于初始对准的精度决定了后期惯性导航系统的导航精度，因此，国内外对惯性导航系统初始对准的研究比较重视，尤其重视惯性导航系统在动基座上的初始对准技术。由于动基座的运动环境比较复杂，因此在动基座初始对准中一般不采用自主式对准方式，而是以载体惯性导航系统作为对准基准，动态匹配机载主惯性导航系统与弹体子惯性导航系统的输出数据，完成弹体子惯性导航系统的初始对准，即传递对准方法[2]。

国外对传递对准的研究起步比较早，技术要比国内成熟。早在 20 世纪 60 年代末，美国的 Baziw 和 Leondes 就已经利用两套以主/从方式工作的惯性导航系统的速度和位置差作为观测量进行 Kalman – Bucy 滤波[12-15]。

在 20 世纪 80 年代中期前，国外传递对准技术的研究主要集中在各种匹配方法以及卡尔曼(Kalman)滤波模型的理论探讨上。速度匹配与位置匹配是传递对准的两种最基本的匹配方法，很多文献都对这两种匹配方法进行了研究。此外，Schneider 提出了角速度匹配方法以及加速度匹配方法，并将两者结合形成了完整的测量参数匹配。

20 世纪 80 年代中后期至 90 年代中期，国外集中对快速传递对准匹配方法和影响传递对准精度的干扰因素进行了研究，寻求快速传递对准方法。1989 年 Kain 和 Cloutier 在速度匹配模型的基础上首次提出"速度＋姿态"匹配方法，这种方法可以利用飞机的摇翼机动方式实现快速传递对准，并且成为快速传递对准最常用的一种方法[16, 17]。"速度＋姿态"匹配方法没有使用速度匹配的 S 型机动方式，只进行了简单的摇翼机动，从而大大降低了机动难度，缩短了对准时间。1991 年，Rogers 提出了"速度＋角速率"的匹配方法，并与"速度＋姿态"匹配方法进行了比较，其研究结果表明，"速度＋角速率"与"速度＋姿态"匹配方法都能够有效地缩短对准时间，但是"速度＋角速率"匹配方法对振动噪声的敏感性要比"速度＋姿态"匹配方法的大。1997 年，美国使用 F - 16 飞机采用"速度＋姿态"匹配方法进行快速传递对准试验，该试验结果表明，"速度＋姿态"匹配方法可以在 10 s 以内达到 1 mrad(10^{-3} rad)以下的姿态精度。1998 年，美国使用 F - 16、F - 18、B - 1、B - 2 和 B - 5 等飞机对 JDMA(联合制导直接攻击武器)的传递对准进行试验，该试验结果表明，武器传递对准的姿态精度低于 1 mrad。1999 年，美国使用 F - 16 飞机，在 8.5 km 高度、距离目标 9.65 km 的条件下，发射了带 DAMASK(直接攻击弹药导引头)的 JDMA 制导炸弹，发射以后它不再接收 GPS 信号，单纯依靠惯导飞行；在距离目标 1.8 km 处，DAM-ASK 根据探测的目标信息和存储的目标模板识别出目标，并发出修正指令；在 5 s 后，JDMA 直接命中目标。

运载体挠曲变形也是影响传递对准精度的一个主要方面。1989 年，Kain 将机翼结构振动引起的高频挠曲运动视为二阶 Gauss - Markov 过程，并以此为基础构造真实的挠曲模型。1993 年，Spalding 在 Kain 的基础上，进一步将机翼的挠曲运动分解为准静态挠曲和高频挠曲。高频挠曲是飞机飞行时受到的气流扰动所引起的 5 Hz～10 Hz 的结构振动，其描述与补偿借鉴 Kain 的研究成果，同时将飞机动力特性与武器投放时载荷变化所引起的低频机翼弯曲现象(即准静态挠曲)视为二阶 Gauss - Markov 过程，并选择一个随着机动运动而减小的时间常数,以便逼近机翼在机动运动过程中真实的挠曲过程[18,19]。

到了 20 世纪 90 年代中期以后,国外已将传递对准技术应用于战术武器,并在多次局部战争中经历了实战的考验。如美国的"哈姆"空地反辐射导弹、"捕鲸叉"反舰导弹、"ADKEM"地空动能拦截器、"BLU-109"制导炸弹、"JDAM"防区外攻击武器、"MK-83"和"MK-84"火箭助推鱼雷,英国的"海鹰"空地导弹,苏联的"厨房"空地导弹、"王鱼"空地反辐射导弹等都应用了传递对准技术。

我国传递对准技术的研究起步于 20 世纪 80 年代末 90 年代初,主要对各种传递对准方法进行了全面的分析和讨论。目前我国传递对准技术的研究仍处于理论阶段和飞行试验阶段。

1.3　传递对准滤波技术

平台式惯性导航系统与捷联惯性导航系统最主要的区别就是实体平台。平台式惯性导航系统对准可以利用速度误差值作为修正信息,并将其经过适当滤波,通过陀螺仪控制实体平台的运动来消除初始姿态误差角。但是,捷联惯性导航系统并没有实体平台,而是通过直接安装在载体上的陀螺仪和加速度计输出值来确定"数学平台"。由于捷联惯性导航系统的陀螺仪与加速度计是直接安装在载体上的,载体的各种干扰量都会被陀螺仪和加速度计所感测,因此,捷联惯性导航系统对准精度受载体干扰的影响非常严重。

滤波技术是现代数字处理技术的一个重要分支。所谓滤波,就是通过对一系列带有误差的实际测量数据的处理来滤除信号中的无关干扰,以尽可能地恢复被噪声干扰的实际的信息流。对于确定的信号,由于其具有确定的频谱特性,因此可根据各信号所处的频段不同,设置相应频率特性的滤波器,如低通滤波器、高通滤波器及带阻滤波器等,使有用信号无衰减地通过,而干扰信号则受到抑制。这类滤波的方法可以用模拟滤波器实现。随着计算机技术的发展,现在大多采用数字滤波器来实现信号的提取,如常用的有限冲激响应滤波器、无限冲激响应滤波器等。

1960 年卡尔曼提出一种通过提取与信号有关的观测量估计所需信号的滤波算法。卡尔曼滤波把状态空间的概念引入到随机估计理论中，把信号过程看做白噪声作用过程下的线性系统输出，用状态方程来描述这种输入-输出关系。估计过程中利用系统状态方程、观测方程和白噪声激励的统计特性形成滤波算法，由于所用的信息都是时域内的量，因此不但可以对平稳的一维随机过程进行估计，也可以对非平稳的多维随机过程进行估计[20,21]。

目前，机载战术导弹传递对准中广泛采用了卡尔曼滤波技术。但是，在传递对准模型存在误差和噪声特性时变的情况下，仅仅通过调整卡尔曼滤波器的相关参数来提高弹载子惯性导航对准性能是很有限的，因此需要探讨新的信息融合技术在机载战术导弹传递对准中的应用。H_∞ 滤波技术和联邦模糊自适应卡尔曼滤波技术是比较有前景的信息融合技术，它们在系统噪声与量测噪声未知或不完全可知的情况下，能获得比传统卡尔曼滤波更好的估计精度，应用 H_∞ 滤波和卡尔曼滤波的关键在于提高算法的计算效率和鲁棒性[22,23]。

H_∞ 滤波是将鲁棒控制设计中的性能指标范数应用于滤波，从而对未知状态进行估计，以解决系统中存在的各种不确定性问题。它将噪声和不确定输入看做能量有限的随机信号，使系统的干扰误差的闭环传递函数的范数小于给定的某一正数[24]。

在卡尔曼滤波中，状态噪声与量测噪声协方差矩阵要预先给定，随着滤波的进行，增益矩阵和方差矩阵逐渐趋于稳态值，导致滤波对目标机动噪声变化的适应能力下降。当实际噪声特性稍有变化时，滤波精度就会出现明显的下降。联邦模糊自适应卡尔曼滤波的基本思想就是，在利用观测数据进行滤波的同时，不断对观测到的模型参数或系统特性进行估计和修正，实现滤波器的实时改进，提高滤波精度。

第2章　传递对准相关知识

　　机载导弹捷联惯性导航系统传递对准是指弹载子惯性导航以机载主惯性导航输出的姿态、速度、位置等信息作为弹载子惯性导航初始对准的基准所进行的初始对准，在传递对准过程中，采用卡尔曼滤波算法估计出失准角的实时值，待估计值达到要求的精度后对该实时值的姿态矩阵做一次性修正。但是在实际传递对准中，由于杆臂效应、挠曲变形以及颤振等因素的影响，导致机载主惯性导航提供给弹载子惯性导航的信息需要进行一系列的处理之后才能作为弹载子惯性导航的初始信息[25-29]。

2.1　捷联惯性导航系统常用坐标系及相关参数

2.1.1　常用坐标系

　　在机载导弹捷联惯性导航系统中，常用到的坐标系有惯性坐标系、确定机体相对地球表面位置的坐标系以及确定弹体相对地球表面位置的坐标系三种类型。

1. 惯性坐标系

1）太阳中心惯性坐标系（s系）——$ox_sy_sz_s$

太阳中心惯性坐标系的原点选在太阳中心处。太阳中心惯性坐标系又分为太阳中心赤道坐标系和太阳中心黄道坐标系。该坐标系用于行星际间的航行定位。

2）地心惯性坐标系（i 系）——$ox_iy_iz_i$

地心惯性坐标系的原点选在地球质量中心处，它不参与地球的自转，z_i 轴沿地球自转轴指向北极，x_i、y_i 在赤道平面内分别指向空间的两颗恒星，$x_iy_iz_i$ 构成右手坐标系。该坐标系的三个坐标轴指向惯性空间固定不动。当研究载体在地球附近的运动需要导航定位时，可以采用地心惯性坐标系。

2. 确定机体相对地球表面位置的坐标系

1）地球坐标系（e 系）——$ox_ey_ez_e$

地球坐标系的原点选在地球中心处，z_e 轴和地球自转轴重合，x_e 轴在赤道平面内指向格林尼治子午线，y_e 也在赤道平面内指向东经 90° 的方向，$x_ey_ez_e$ 构成右手坐标系。地球坐标系（e 系）和地球固连，地球坐标系相对地心惯性坐标系以地球自转角速率 ω_{ie} 旋转。

2）地理坐标系（g 系）——$ox_gy_gz_g$

地理坐标系原点选在载体重心处，x_g 轴指向东向，y_g 轴指向北向，z_g 轴沿地垂线指向天向。这个坐标系也可以叫做东北天坐标系，地理坐标系相对地球坐标系的方位关系就是载体的地理位置（经度和纬度），它是水平和方位的基准坐标系。

3）机体坐标系（b 系）——$ox_by_bz_b$

机体坐标系是固连在载机上的坐标系，坐标原点在载机的重心处，y_b 沿载机的纵轴方向，x_b 和载机的横轴一致指向飞机右翼，z_b 沿载机竖轴向上，$x_by_bz_b$ 构成右手坐标系。

4）导航坐标系（n 系）——$ox_ny_nz_n$

导航坐标系是指在导航时根据导航系统工作的需要而选取的作为导航基准的坐标系。

5）平台坐标系（p 系）——$ox_py_pz_p$

平台坐标系是用惯性导航系统来复现导航坐标系时所获得的坐标系。平台坐标系的原点在载体的重心处，它是根据测量与计算需要用惯性导航系统模拟的一种基准坐标系。当惯性导航系统不存在误差时，平台坐标系与导航坐标系相重合。在平台惯性导航系统中，平台坐标系是通过平台台体来实现的，即平台指向的坐标系。在捷联惯性导航系统中，平台坐标系即"数学平台"，通过存储在计算机中的姿态矩阵实现。

3. 确定弹体相对地球表面位置的坐标系

1）弹体安装坐标系（b_f 系）——$ox_{b_f}y_{b_f}z_{b_f}$

弹体安装坐标系的原点在弹体重心处，若弹体沿弹体纵轴转动一个角度 θ_s 后安装于机翼下，则 oy_{b_f} 轴与 oy_{b_h} 重合，ox_{b_f}、oz_{b_f} 轴在 $x_{b_h}oz_{b_h}$ 平面内且 ox_{b_f}、oz_{b_f} 轴与 ox_{b_h}、oz_{b_h} 轴的夹角为 θ_s。

2）弹体水平坐标系（b_h 系）——$ox_{b_h}y_{b_h}z_{b_h}$

弹体水平坐标系是确定导航坐标系与弹体坐标系之间弹体安装误差角的坐标系，弹体水平坐标系与机翼固连。当机翼发生变形时，弹体水平坐标系也相对机体坐标系发生转动。弹体水平坐标系的原点在弹体重心处，若弹体水平放置在机翼下且机翼不发生变形（即弹体横轴、纵轴、立轴与载机横轴、纵轴、立轴指向一致），则 ox_{b_h}、oy_{b_h}、oz_{b_h} 轴分别沿载机横轴向右、纵轴向前、立轴向上。

3）弹体坐标系（b_s 系）——$ox_{b_s}y_{b_s}z_{b_s}$

弹体坐标系的原点在弹体重心处。当弹体安装于机翼下时，由于安装误差的存在，因此弹体坐标系与弹体安装坐标系间存在一个很小的安装误差角，ox_{b_s}、oy_{b_s}、oz_{b_s} 轴分别沿实际弹体横轴向右、纵轴向前、立轴向上。

2.1.2 相关参数

导航系统的任务是要确定运载体的姿态、速度和位置，而要确定这些量必须要有参照体。在地球上，导航是以地球作为参照体的。

1. R_e 和 e

地球是一个不规则球体，无法用数学模型精确表示。通常采用三种几何模型对地球作近似描述：

（1）大地水准体。它是指通过全球海平面的地球重力场等势面围成的空间体。

（2）圆球体。圆球体的球心位于地心，半径 $R = 6\,371\,000$ m。

（3）参考旋转椭球体。它是指中心位于地心、分别以 R_e 和 R_p 为半长轴和半短轴的椭圆绕地球自转轴旋转 180°所形成的椭球体。其中 R_e 和 R_p 通过大地测量确定。

在进行精密导航时，将地球近似为圆球是无法满足导航要求的。本书采用 WGS-84[30]参考旋转椭球作为导航时使用的地球模型，则其赤道半径（半长轴）$R_e = 6\,378\,137$ m，椭圆度（扁率）$e = R_e - R_p/R_e = 1/298.257$，参考椭球子午圈和卯酉圈上的曲率半径 R_M、R_N 的计算方法如下：

$$\begin{cases} R_M = R_e(1 - 2e + 3e\sin^2 L) \\ R_N = R_e(1 + e\sin^2 L) \end{cases} \tag{2.1}$$

2. ω_{ie} 和 g

ω_{ie} 为地球自转角速度，其值为 $\omega_{ie} = 15.0411°/\text{h} = 7.292\,115\,85 \times 10^{-5}$ rad/s；g 为地球重力加速度，其大小随大地纬度 L 的变化而变化。在 WGS-84 全球大地坐标系体系中，选用的重力加速度模型为

$$g(L) = \frac{g_e(1 + k\sin^2 L)}{\sqrt{1 - e_1^2 \sin^2 L}} \tag{2.2}$$

式中

$$k = \frac{R_p g_p}{R_e g_e} - 1, \quad e_1 = \frac{\sqrt{R_e{}^2 - R_p{}^2}}{R_e}$$

其中，g_e 为赤道上的理论重力加速度；g_p 为两极处的理论重力加速度；e_1 为第

一偏心率。将 WGS-84 中的具体数据代入式(2.2)得

$$g(L) = 978.032\ 677\ 14 \times \frac{1 + 0.001\ 931\ 851\ 386\ 39\ \sin^2 L}{\sqrt{1 - 0.006\ 694\ 379\ 990\ 13\ \sin^2 L}}$$

重力加速度随纬度(L)与高度(h)的变化规律为

$$g(L, h) = g_0(1 + 5.2709 \times 10^{-3} \sin^2 L + 2.327\ 18 \times 10^{-5}\ \sin^4 L)$$
$$- 3.086 \times 10^{-6} h$$

其中，$g_0 = 9.780\ 326\ 771\ 4\ \mathrm{m/s^2}$。

2.2　弹体坐标系之间的转换

1. 弹体安装坐标系和弹体水平坐标系之间的转换

绕弹体水平坐标系(b_h 系)的 oy_{b_h} 轴转过一个理论安装角 θ_s 形成弹体安装坐标系(b_f 系)，b_f 系与 b_h 系的方位关系如图 2-1 所示。

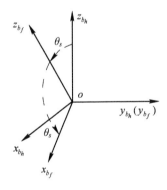

图 2-1　b_f 系与 b_h 系的方位关系

b_f 系与 b_h 系之间的变换矩阵为

$$\boldsymbol{C}_{b_h}^{b_f} = \begin{bmatrix} \cos\theta_s & 0 & -\sin\theta_s \\ 0 & 1 & 0 \\ \sin\theta_s & 0 & \cos\theta_s \end{bmatrix} \tag{2.3}$$

2. 弹体水平坐标系和载机坐标系之间的转换

假设当机翼发生弹性形变时，弹体水平坐标系(b_h 系)相对载机坐标系(b_m 系)发生转动产生的机翼弹性变形角 λ 为小角度，则 b_h 系与 b_m 系之间的变换矩阵为

$$\boldsymbol{C}_{b_m}^{b_h} = \boldsymbol{I}_{3\times3} - [\boldsymbol{\lambda} \times] = \begin{bmatrix} 1 & \lambda_z & -\lambda_y \\ -\lambda_z & 1 & \lambda_x \\ \lambda_y & -\lambda_x & 1 \end{bmatrix} \tag{2.4}$$

式中，$\boldsymbol{\lambda} = \begin{bmatrix} \lambda_x & \lambda_y & \lambda_z \end{bmatrix}^{\mathrm{T}}$；$\boldsymbol{I}_{3\times3}$ 为 3 阶单位矩阵；$[\boldsymbol{\lambda} \times]$ 为 $\boldsymbol{\lambda}$ 的反对称矩阵。

3. 弹体坐标系和弹体安装坐标系之间的转换

设实际弹体相对于理论安装位置之间的安装误差角 $\boldsymbol{\mu}$ 为小角度，则弹体坐标系(b_s 系)与弹体安装坐标系(b_f 系)之间的变换矩阵为

$$\boldsymbol{C}_{b_f}^{b_s} = \boldsymbol{I}_{3\times3} - [\boldsymbol{\mu} \times] = \begin{bmatrix} 1 & \mu_z & -\mu_y \\ -\mu_z & 1 & \mu_x \\ \mu_y & -\mu_x & 1 \end{bmatrix} \tag{2.5}$$

式中，$\boldsymbol{\mu} = \begin{bmatrix} \mu_x & \mu_y & \mu_z \end{bmatrix}^{\mathrm{T}}$；$[\boldsymbol{\mu} \times]$ 为 $\boldsymbol{\mu}$ 的反对称矩阵。

2.3　机载导弹捷联惯性导航系统误差方程

捷联惯性导航系统(简称捷联惯导系统)的误差源有许多，主要为有惯性器件本身的误差、惯性器件的量化误差、系统的初始条件误差、系统的计算误差以及各种干扰引起的误差等。对这些误差的研究，为提高传递对准精度，加强惯性仪器的测试技术，准确评定其性能及精度，并通过误差补偿措施来提高传递对准的精度具有重要意义。

2.3.1　惯性器件的误差模型

光纤捷联惯性导航系统是机载惯性导航系统中经常用到的。从理论上讲，

误差数学模型的阶数越高、考虑的误差项数越多，对误差的补偿效果就越好。但是，阶数的提高以及误差项的增加无形之中也增加了在实际应用中的负担，参数辨识的难度增大。因此，从补偿精度以及实际应用等方面综合考虑，在光纤捷联惯导系统中的惯性器件误差数学模型主要考虑了标度因数、安装误差以及零偏这三项性能指标。

1. 标度因数

光纤捷联惯导系统中，光纤陀螺仪以及石英挠性加速度计的输出都是以脉冲数的形式输出的，每一个脉冲代表一个增量，因此需要按照一定的转换关系将陀螺仪与加速度计的脉冲数转换为实际的物理量以便进行导航解算。记 x、y、z 三个轴向的陀螺仪的脉冲当量分别为 k_{gx}、k_{gy}、k_{gz}，三个轴向的加速度计的脉冲当量分别为 k_{ax}、k_{ay}、k_{az}。

2. 安装误差

光纤捷联惯导系统中的陀螺仪以及加速度计是以两两垂直的方式安装在支架上的。但是在实际的系统中，由于制造工艺等因素的影响，陀螺仪以及加速度计之间的关系并不能实现真实的互相垂直，陀螺仪与加速度计的安装之间总是存在一定的安装误差角。

设光纤陀螺仪的安装误差矩阵为

$$\boldsymbol{K}_G = \begin{bmatrix} 0 & k_{gxy} & k_{gxz} \\ k_{gyx} & 0 & k_{gyz} \\ k_{gzx} & k_{gzy} & 0 \end{bmatrix}$$

式中，k_{gxy}、k_{gxz}、k_{gyx}、k_{gyz}、k_{gzx}、k_{gzy} 分别为光纤陀螺仪的安装误差系数。

设加速度计的安装误差矩阵为

$$\boldsymbol{K}_A = \begin{bmatrix} 0 & k_{axy} & k_{axz} \\ k_{ayx} & 0 & k_{ayz} \\ k_{azx} & k_{azy} & 0 \end{bmatrix}$$

式中，k_{axy}、k_{axz}、k_{ayx}、k_{ayz}、k_{azx}、k_{azy} 分别为加速度计的安装误差系数。

3. 零偏

光纤陀螺仪与石英挠性加速度计的零偏可以看做常值误差，主要是因为在惯性元器件正常工作期间，其状态保持不变。

设光纤陀螺仪的零偏向量为

$$\boldsymbol{\varepsilon} = \begin{bmatrix} \varepsilon_x \\ \varepsilon_y \\ \varepsilon_z \end{bmatrix} = \begin{bmatrix} k_{gx} \cdot N_{gx0} \\ k_{gy} \cdot N_{gy0} \\ k_{gz} \cdot N_{gz0} \end{bmatrix}$$

式中，k_{gx}、k_{gy}、k_{gz} 分别为三个轴向光纤陀螺仪的标度因数，单位为 (°)/h/P 或 rad/s/P；N_{gx0}、N_{gy0}、N_{gz0} 分别为三个轴向光纤陀螺仪的零位输出脉冲数，单位为 P。

设加速度计的零偏矩阵为

$$\nabla = \begin{bmatrix} \nabla_x \\ \nabla_y \\ \nabla_z \end{bmatrix} = \begin{bmatrix} k_{ax} \cdot N_{ax0} \\ k_{ay} \cdot N_{ay0} \\ k_{az} \cdot N_{az0} \end{bmatrix}$$

式中，k_{ax}、k_{ay}、k_{az} 分别为三个轴向加速度计的标度因数，单位为 g/P；N_{ax0}、N_{ay0}、N_{az0} 分别为三个轴向加速度计的零位输出脉冲数，单位为 P。

经推导可得光纤捷联惯导系统中光纤陀螺的输出模型为

$$\begin{cases} k_{gx} \cdot (N_{gx} - N_{gx0}) = \omega_x + k_{gxy} \cdot \omega_y + k_{gxz} \cdot \omega_z \\ k_{gy} \cdot (N_{gy} - N_{gy0}) = \omega_y + k_{gyx} \cdot \omega_x + k_{gyz} \cdot \omega_z \\ k_{gz} \cdot (N_{gz} - N_{gz0}) = \omega_z + k_{gzx} \cdot \omega_x + k_{gzy} \cdot \omega_y \end{cases} \tag{2.6}$$

式中，N_{gx}、N_{gy}、N_{gz} 分别为三个轴向光纤陀螺仪的输出脉冲数，单位为 P；ω_x、ω_y、ω_z 分别为三个轴向光纤捷联惯导系统实际的角增量(即角速率值)，单位为 (°)/h 或 rad/s；k_{gxy}、k_{gxz}、k_{gyx}、k_{gyz}、k_{gzx}、k_{gzy} 分别为三个轴向光纤陀螺仪的安装误差系数。

经过推导，最终可以得到光纤捷联惯导系统中光纤陀螺仪的数学模型为

$$
\begin{bmatrix} \omega_x \\ \omega_y \\ \omega_z \end{bmatrix} = \begin{bmatrix} k_{gx} & k_{gxy} & k_{gxz} \\ k_{gyx} & k_{gy} & k_{gyz} \\ k_{gzx} & k_{gzy} & k_{gz} \end{bmatrix} \begin{bmatrix} (N_{gx} - N_{gx0}) \\ (N_{gy} - N_{gy0}) \\ (N_{gz} - N_{gz0}) \end{bmatrix} \tag{2.7}
$$

同理，可得光纤捷联惯导系统中加速度计的输出模型为

$$
\begin{cases} k_{ax} \cdot (N_{ax} - N_{ax0}) = f_x + k_{axy} \cdot f_y + k_{axz} \cdot f_z \\ k_{ay} \cdot (N_{ay} - N_{ay0}) = f_y + k_{ayx} \cdot f_x + k_{ayz} \cdot f_z \\ k_{az} \cdot (N_{az} - N_{az0}) = f_z + k_{azx} \cdot f_x + k_{azy} \cdot f_y \end{cases} \tag{2.8}
$$

式中，N_{ax}、N_{ay}、N_{az} 分别为三个轴向加速度计的输出脉冲数，单位为 P；f_x、f_y、f_z 分别为三个轴向加速度计的速度增量（即比力），单位为 g；k_{axy}、k_{axz}、k_{ayx}、k_{ayz}、k_{azx}、k_{azy} 分别为三个轴向加速度计的安装误差系数。

经过推导，最终可以得到光纤捷联惯导系统中加速度计的数学模型为

$$
\begin{bmatrix} f_x \\ f_y \\ f_z \end{bmatrix} = \begin{bmatrix} k_{ax} & k_{axy} & k_{axz} \\ k_{ayx} & k_{ay} & k_{ayz} \\ k_{azx} & k_{azy} & k_{az} \end{bmatrix} \begin{bmatrix} (N_{ax} - N_{ax0}) \\ (N_{ay} - N_{ay0}) \\ (N_{az} - N_{az0}) \end{bmatrix} \tag{2.9}
$$

2.3.2 捷联惯性导航系统误差方程

机载导弹捷联惯导系统的主惯导一般采用高精度的平台惯性导航系统或捷联惯性导航系统，并且机载主惯导会与 GPS 组合以抑制机载主惯导的误差发散。相对弹载子惯导而言，机载主惯导的误差量很小。因此，一般在设计传递对准卡尔曼滤波器时，将机载主惯导的误差归并为量测量中的量测误差，并将其视为白噪声。关于捷联惯性导航系统误差方程在很多的参考文献中都有详细的推导，本书直接给出误差方程，不再进行详细的推导[31, 32]。

设

$$\boldsymbol{M}_1 = \begin{bmatrix} 0 & 0 & 0 \\ -\omega_{ie}\sin L & 0 & 0 \\ \omega_{ie}\cos L & 0 & 0 \end{bmatrix}, \quad \boldsymbol{M}_2 = \begin{bmatrix} 0 & -\dfrac{1}{R_M+h} & 0 \\ \dfrac{1}{R_N+h} & 0 & 0 \\ \dfrac{\tan L}{R_N+h} & 0 & 0 \end{bmatrix}$$

$$\boldsymbol{M}_3 = \begin{bmatrix} 0 & 0 & \dfrac{V_N^n}{(R_M+h)^2} \\ 0 & 0 & -\dfrac{V_E^n}{(R_N+h)^2} \\ \dfrac{V_E^n\sec^2 L}{R_N+h} & 0 & -\dfrac{V_E^n\tan L}{(R_N+h)^2} \end{bmatrix}$$

式中，V_N^n、V_E^n 分别为机载北向和东向速度；L 为大地纬度；h 为高度。

$\boldsymbol{M}_4 = \boldsymbol{V}^n \times \boldsymbol{M}_2 - \left[(2\boldsymbol{\omega}_{ie}^n + \boldsymbol{\omega}_{en}^n)\times\right]$

$$= \begin{bmatrix} -\dfrac{V_U^n}{R_N+h}+\dfrac{V_N^n}{R_N+h}\tan L & 2\omega_{ie}\sin L+\dfrac{V_E^n}{R_N+h}\tan L & 2\omega_{ie}\cos L+\dfrac{V_E^n}{R_N+h} \\ -2\left(\omega_{ie}\sin L+\dfrac{V_E^n}{R_N+h}\tan L\right) & \dfrac{V_U^n}{R_M+h} & -\dfrac{V_N^n}{R_M+h} \\ 2\left(\omega_{ie}\cos L+\dfrac{V_E^n}{R_N+h}\right) & 0 & 0 \end{bmatrix}$$

式中，V_U^n 为机载天向速度。

$$\boldsymbol{V}^n = \begin{bmatrix} V_E^n \\ V_N^n \\ V_U^n \end{bmatrix}, \quad \boldsymbol{\omega}_{ie}^n = \begin{bmatrix} 0 \\ \omega_{ie}\cos L \\ \omega_{ie}\sin L \end{bmatrix}, \quad \boldsymbol{\omega}_{en}^n = \begin{bmatrix} \dfrac{V_N^n}{R_M+h} \\ \dfrac{V_E^n}{R_N+h} \\ \dfrac{V_E^n}{R_N+h}\tan L \end{bmatrix}$$

$\left[(2\boldsymbol{\omega}_{ie}^n+\boldsymbol{\omega}_{en}^n)\times\right]$ 表示叉乘反对称矩阵：

$$\left[\left(2\boldsymbol{\omega}_{ie}^n + \boldsymbol{\omega}_{en}^n\right)\times\right]$$

$$= \begin{bmatrix} 0 & -\left(2\omega_{ie}\sin L + \dfrac{V_E^n}{R_N + h}\tan L\right) & 2\omega_{ie}\cos L + \dfrac{V_E^n}{R_N + h} \\[3mm] 2\omega_{ie}\sin L + \dfrac{V_E^n}{R_N + h}\tan L & 0 & -\dfrac{V_N^n}{R_M + h} \\[3mm] -\left(2\omega_{ie}\cos L + \dfrac{V_E^n}{R_N + h}\right) & \dfrac{V_N^n}{R_M + h} & 0 \end{bmatrix}$$

$$\boldsymbol{M}_5 = (2\boldsymbol{M}_1 + \boldsymbol{M}_3) = \begin{bmatrix} 0 & 0 & \dfrac{V_N^n}{(R_M + h)^2} \\[3mm] -2\omega_{ie}\sin L & 0 & -\dfrac{V_E^n}{(R_N + h)^2} \\[3mm] 2\omega_{ie}\cos L + \dfrac{V_E^n \sec^2 L}{R_N + h} & 0 & -\dfrac{V_E^n \tan L}{(R_N + h)^2} \end{bmatrix}$$

1. 姿态误差方程

姿态误差方程为

$$\dot{\boldsymbol{\varphi}}^n = -\boldsymbol{\omega}_{in}^n \times \boldsymbol{\varphi}^n + \delta\boldsymbol{\omega}_{in}^n - \boldsymbol{C}_b^n \widetilde{\boldsymbol{\varepsilon}}^b \tag{2.10}$$

式中，$\boldsymbol{C}_b^n$、$\widetilde{\boldsymbol{\varepsilon}}^b$、$\boldsymbol{\varphi}^n$、$\boldsymbol{\omega}_{in}^n$ 分别是姿态转换矩阵。

设陀螺漂移为 $\boldsymbol{\varepsilon}$，刻度系数误差矩阵为 $\delta K_G = \mathrm{diag}(\delta K_{Gx}, \delta K_{Gy}, \delta K_{Gz})$，所以实际陀螺输出的载体角速度为

$$\hat{\boldsymbol{\omega}}_{ib}^b = (\boldsymbol{I} + \delta\boldsymbol{K}_G)(\boldsymbol{\omega}_{ib}^b + \boldsymbol{\varepsilon}^b) = \boldsymbol{\omega}_{ib}^b + \delta\boldsymbol{K}_G\boldsymbol{\omega}_{ib}^b + \boldsymbol{\varepsilon}^b = \boldsymbol{\omega}_{ib}^b + \widetilde{\boldsymbol{\varepsilon}}^b$$

式中，$\boldsymbol{\omega}_{ib}^b$ 为惯导平台失准率；$\widetilde{\boldsymbol{\varepsilon}}^b = \delta\boldsymbol{K}_G\boldsymbol{\omega}_{ib}^b + \boldsymbol{\varepsilon}^b$ 为陀螺等效漂移。

又有

$$\delta\boldsymbol{\omega}_{in}^n = \delta\boldsymbol{\omega}_{ie}^n + \delta\boldsymbol{\omega}_{en}^n$$

设 $\delta\boldsymbol{V}^n = \begin{bmatrix} \delta V_E^n \\ \delta V_N^n \\ \delta V_U^n \end{bmatrix}$, $\delta\boldsymbol{P} = \begin{bmatrix} \delta L \\ \delta\lambda \\ \delta h \end{bmatrix}$

由

$$\boldsymbol{\omega}_{ie}^{n} = \begin{bmatrix} 0 \\ \omega_{ie}\cos L \\ \omega_{ie}\sin L \end{bmatrix}$$

求微分得

$$\delta\boldsymbol{\omega}_{ie}^{n} = \begin{bmatrix} 0 \\ -\omega_{ie}\sin L\delta L \\ \omega_{ie}\cos L\delta L \end{bmatrix} = \begin{bmatrix} 0 & 0 & 0 \\ -\omega_{ie}\sin L & 0 & 0 \\ \omega_{ie}\cos L & 0 & 0 \end{bmatrix}\begin{bmatrix} \delta L \\ \delta\lambda \\ \delta h \end{bmatrix} = \boldsymbol{M}_1\delta\boldsymbol{P} \qquad (2.11)$$

由

$$\boldsymbol{\omega}_{en}^{n} = \begin{bmatrix} -\dfrac{V_N^n}{R_M+h} \\[3mm] \dfrac{V_E^n}{R_N+h} \\[3mm] \dfrac{V_E^n}{R_N+h}\tan L \end{bmatrix}$$

求微分得

$$\delta\boldsymbol{\omega}_{en}^{n} = \begin{bmatrix} -\dfrac{1}{R_M+h}\delta V_N^n + \dfrac{V_N^n}{(R_M+h)^2}\delta h \\[3mm] \dfrac{1}{R_N+h}\delta V_E^n - \dfrac{V_E^n}{(R_N+h)^2}\delta h \\[3mm] \dfrac{\tan L}{R_N+h}\delta V_E^n - \dfrac{V_E^n\tan L}{(R_N+h)^2}\delta h + \dfrac{V_E^n\sec^2 L}{R_N+h}\delta L \end{bmatrix}$$

$$= \begin{bmatrix} 0 & -\dfrac{1}{R_M+h} & 0 \\[3mm] \dfrac{1}{R_N+h} & 0 & 0 \\[3mm] \dfrac{\tan L}{R_N+h} & 0 & 0 \end{bmatrix}\begin{bmatrix} \delta V_E^n \\ \delta V_N^n \\ \delta V_U^n \end{bmatrix} + \begin{bmatrix} 0 & 0 & \dfrac{V_N^n}{(R_M+h)^2} \\[3mm] 0 & 0 & -\dfrac{V_E^n}{(R_N+h)^2} \\[3mm] \dfrac{V_E^n\sec^2 L}{R_N+h} & 0 & -\dfrac{V_E^n\tan L}{(R_N+h)^2} \end{bmatrix}\begin{bmatrix} \delta L \\ \delta\lambda \\ \delta h \end{bmatrix}$$

$$= \boldsymbol{M}_2\delta\boldsymbol{V}^n + \boldsymbol{M}_3\delta\boldsymbol{P}$$

所以

$$\delta\boldsymbol{\omega}_{in}^{n} = \delta\boldsymbol{\omega}_{ie}^{n} + \delta\boldsymbol{\omega}_{en}^{n}$$

$$= \boldsymbol{M}_1\delta\boldsymbol{P} + (\boldsymbol{M}_2\delta\boldsymbol{V}^n + \boldsymbol{M}_3\delta\boldsymbol{P})$$

$$= \boldsymbol{M}_2\delta\boldsymbol{V}^n + (\boldsymbol{M}_1 + \boldsymbol{M}_3)\delta\boldsymbol{P}$$

因此，姿态误差方程改写成

$$\dot{\boldsymbol{\varphi}} = -\boldsymbol{\omega}_{in}^{n} \times \boldsymbol{\varphi} + \boldsymbol{M}_2\delta\boldsymbol{V}^n + (\boldsymbol{M}_1 + \boldsymbol{M}_3)\delta\boldsymbol{P} - \boldsymbol{C}_b^n[\boldsymbol{\omega}_{ib}^{b}]\delta\boldsymbol{K}_G - \boldsymbol{C}_b^n\boldsymbol{\varepsilon}^b$$

2. 速度误差方程

速度误差方程为

$$\dot{\delta\boldsymbol{V}}^n = \boldsymbol{f}^n \times \boldsymbol{\varphi} - [(2\boldsymbol{\omega}_{ie}^{n} + \boldsymbol{\omega}_{en}^{n}) \times]\delta\boldsymbol{V}^n + \boldsymbol{V}^n \times (2\delta\boldsymbol{\omega}_{ie}^{n} + \delta\boldsymbol{\omega}_{en}^{n}) + \boldsymbol{C}_b^n \widetilde{\nabla}^b$$

$$(2.12)$$

设加速度计漂移为 ∇，刻度系数误差矩阵为 $\delta\boldsymbol{K}_A = \mathrm{diag}(\delta K_{Ax}, \delta K_{Ay}, \delta K_{Az})$，所以实际加速度计的输出为

$$\hat{\boldsymbol{f}}^b = (\boldsymbol{I} + \delta\boldsymbol{K}_A)(\boldsymbol{f}^b + \nabla^b) = \boldsymbol{f}^b + \delta\boldsymbol{K}_A\boldsymbol{f}^b + \nabla^b = \boldsymbol{f}^b + \widetilde{\nabla}^b$$

式中，$\widetilde{\nabla}^b = \delta\boldsymbol{K}_A\boldsymbol{f}^b + \nabla^b$ 为加速度计等效漂移；$\boldsymbol{f}^b$ 为加速度计输出。

又有

$$2\delta\boldsymbol{\omega}_{ie}^{n} + \delta\boldsymbol{\omega}_{en}^{n} = \delta\boldsymbol{\omega}_{in}^{n} + \delta\boldsymbol{\omega}_{ie}^{n}$$

$$= \boldsymbol{M}_2\delta\boldsymbol{V}^n + (\boldsymbol{M}_1 + \boldsymbol{M}_3)\delta\boldsymbol{P} + \boldsymbol{M}_1\delta\boldsymbol{P}$$

$$= \boldsymbol{M}_2\delta\boldsymbol{V}^n + (2\boldsymbol{M}_1 + \boldsymbol{M}_3)\delta\boldsymbol{P}$$

速度误差方程改写成

$$\dot{\delta\boldsymbol{V}}^n = \boldsymbol{f}^n \times \boldsymbol{\varphi} - [(2\boldsymbol{\omega}_{ie}^{n} + \boldsymbol{\omega}_{en}^{n}) \times]\delta\boldsymbol{V}^n + \boldsymbol{V}^n \times (\boldsymbol{M}_2\delta\boldsymbol{V}^n + (2\boldsymbol{M}_1 + \boldsymbol{M}_3)\delta\boldsymbol{P})$$

$$+ \boldsymbol{C}_b^n[\boldsymbol{f}^b]\delta\boldsymbol{K}_A + \boldsymbol{C}_b^n \nabla^b$$

$$= \boldsymbol{f}^n \times \boldsymbol{\varphi} + (\boldsymbol{V}^n \times \boldsymbol{M}_2 - [(2\boldsymbol{\omega}_{ie}^{n} + \boldsymbol{\omega}_{en}^{n}) \times])\delta\boldsymbol{V}^n + \boldsymbol{V}^n \times (2\boldsymbol{M}_1 + \boldsymbol{M}_3)\delta\boldsymbol{P}$$

$$+ \boldsymbol{C}_b^n[\boldsymbol{f}^b]\delta\boldsymbol{K}_A + \boldsymbol{C}_b^n \nabla^b$$

$$= \boldsymbol{f}^n \times \boldsymbol{\varphi} + \boldsymbol{M}_4\delta\boldsymbol{V}^n + (\boldsymbol{V}^n \times \boldsymbol{M}_5)\delta\boldsymbol{P} + \boldsymbol{C}_b^n[\boldsymbol{f}^b]\delta\boldsymbol{K}_A + \boldsymbol{C}_b^n \nabla^b$$

3. 位置误差方程

位置误差方程为

$$\delta \dot{L} = \frac{1}{R_M + h} \delta V_N^n - \frac{V_N^n}{(R_M + h)^2} \delta h \tag{2.13}$$

$$\delta \dot{\lambda} = \frac{\sec L}{R_N + h} \delta V_E^n + \frac{V_E^n \sec L \tan L}{R_N + h} \delta L + \frac{V_E^n \sec L}{(R_N + h)^2} \delta h \tag{2.14}$$

$$\delta \dot{h} = \delta V_U^n \tag{2.15}$$

位置误差方程改写成

$$
\begin{bmatrix} \delta \dot{L} \\ \delta \dot{\lambda} \\ \delta \dot{h} \end{bmatrix} =
\begin{bmatrix} 0 & \dfrac{1}{R_M + h} & 0 \\ \dfrac{\sec L}{R_N + h} & 0 & 0 \\ 0 & 0 & 1 \end{bmatrix}
\begin{bmatrix} \delta V_E^n \\ \delta V_N^n \\ \delta V_U^n \end{bmatrix} +
\begin{bmatrix} 0 & 0 & -\dfrac{V_N^n}{(R_M + h)^2} \\ \dfrac{V_E^n \sec L \tan L}{R_N + h} & 0 & \dfrac{V_E^n \sec L}{(R_N + h)^2} \\ 0 & 0 & 0 \end{bmatrix}
\begin{bmatrix} \delta L \\ \delta \lambda \\ \delta h \end{bmatrix}
$$

2.3.3　弹载子惯性导航系统误差方程

弹载子惯性导航系统一般采用战术级的捷联式惯性导航系统。传递对准利用主惯性导航(简称主惯导)系统的输出信息作为基准对子惯性导航(简称子惯导)系统进行对准。

准惯性坐标系(n_0 系)的原点与地球固连，x、y、z 三轴在惯性空间指向不变。设弹载子惯导系统建立的导航坐标系为准惯性坐标系 n_0，在传递对准开始时刻准惯性坐标系(n_0 系)与地理坐标系(g 系)重合。

为理论研究方便，取弹载子惯导的导航坐标系为地理坐标系。由于弹载子惯导在计算 $\boldsymbol{\omega}_{in}^n$、$\boldsymbol{\omega}_{ie}^n$、$\boldsymbol{\omega}_{en}^n$ 时采用的是机载主惯导提供的纬度 L、高度 h 和地速 $\boldsymbol{V}_{em}^n$，因此可以将 $\delta\boldsymbol{\omega}_{in}^n$、$\delta\boldsymbol{\omega}_{ie}^n$、$\delta\boldsymbol{\omega}_{en}^n$ 视为零误差值。弹载子惯导系统的姿态误差方程和速度误差方程分别为[33, 34]

$$\dot{\boldsymbol{\varphi}}^n = -\boldsymbol{\omega}_{in}^n \times \boldsymbol{\varphi}^n - \delta\boldsymbol{\omega}_{ib}^n = -\boldsymbol{\omega}_{in}^n \times \boldsymbol{\varphi}^n - \delta\boldsymbol{\omega}_{ib}^n$$

$$\dot{\delta V}^n = (C_{b_s}^n f^{b_s}) \times \varphi^n - (2\omega_{ie}^n + \omega_{en}^n) \times \delta V^n + \delta f^n$$

其中，φ^n 为子惯导的平台失准角；δV^n 为子惯导的速度误差；$C_{b_s}^n$ 为子惯导姿态矩阵；f^{b_s} 为子惯导加速度计的输出。

由于机载传递对准的时间一般都很短，因此在考虑陀螺仪的测量误差与加速度计的测量误差时，只考虑陀螺仪与加速度计的漂移误差，即

$$\delta \omega_{ib}^n = C_{b_s}^n \widetilde{\varepsilon}^b = C_{b_s}^n (\varepsilon_b^{b_s} + \varepsilon_w^{b_s})$$

$$\delta f^n = C_{b_s}^n \widetilde{\nabla}^{b_s} = C_{b_s}^n (\nabla_b^{b_s} + \nabla_w^{b_s})$$

其中，$\varepsilon_b^{b_s}$ 为子惯导陀螺仪的常值漂移；$\varepsilon_w^{b_s}$ 为子惯导陀螺仪的量测白噪声；$\nabla_b^{b_s}$ 为子惯导加速度计的常值漂移；$\nabla_w^{b_s}$ 为子惯导加速度计的量测白噪声。

陀螺随机常值漂移 $\varepsilon_b^{b_s}$ 和加速度计常值偏置误差 $\nabla_b^{b_s}$ 的微分方程分别为

$$\dot{\varepsilon}_b^{b_s} = 0$$

$$\dot{\nabla}_b^{b_s} = 0$$

综上所述，弹载子惯导的误差模型为

$$\begin{cases} \dot{\varphi}^n = -\omega_{in}^n \times \varphi^n - C_{b_s}^n \varepsilon_b^{b_s} - C_{b_s}^n \varepsilon_w^{b_s} \\ \dot{\delta V}_e^n = (C_{b_s}^n f^{b_s}) \times \varphi^n - (2\omega_{ie}^n + \omega_{en}^n) \times \delta V_e^n + C_{b_s}^n \nabla_b^{b_s} + C_{b_s}^n \nabla_w^{b_s} \\ \dot{\varepsilon}_b^{b_s} = 0 \\ \dot{\nabla}_b^{b_s} = 0 \end{cases}$$

2.4　杆臂效应误差模型

由于机载主惯导和弹载子惯导之间存在相对位移，当载机相对惯性空间产生角运动时，机载主惯导和弹载子惯导会敏感到不同的比力而解算出不同的地速，这种现象称为传递对准中的杆臂效应。其中，将机载主惯导和弹载子惯导输出的比力差异称为杆臂加速度；将机载主惯导和弹载子惯导解算出的地速差

异称为杆臂速度[35-38]。

2.4.1　杆臂速度

将机载主惯导与弹载子惯导都假设为质点，设机载主惯导相对地心的位置为 $\boldsymbol{R}^m$，弹载子惯导相对地心的位置为 $\boldsymbol{R}^s$，主惯导与子惯导系统之间的相对位移为 $\boldsymbol{r}$。杆臂效应示意图如图 2-2 所示。

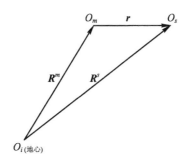

图 2-2　杆臂效应示意图

由图 2-2 可知

$$\boldsymbol{R}^s = \boldsymbol{R}^m + \boldsymbol{r} \tag{2.16}$$

根据哥氏定理，将式（2.16）两边对地球坐标系（e 系）求导，再向导航坐标系（n 系）投影：

$$\left.\frac{\mathrm{d}\boldsymbol{R}^s}{\mathrm{d}t}\right|_e^n = \left.\frac{\mathrm{d}\boldsymbol{R}^m}{\mathrm{d}t}\right|_e^n + \left.\frac{\mathrm{d}\boldsymbol{r}}{\mathrm{d}t}\right|_b^n + \boldsymbol{\omega}_{eb}^n \times \boldsymbol{r}^n \tag{2.17}$$

式中，$\boldsymbol{\omega}_{eb}^n$ 为如果不存在差值杆臂，则载机的对地速度 $\boldsymbol{V}_{em}^n = \left.\dfrac{\mathrm{d}\boldsymbol{R}^m}{\mathrm{d}t}\right|_e^n$ 应该与弹体对地速度 $\boldsymbol{V}_{es}^n = \left.\dfrac{\mathrm{d}\boldsymbol{R}^s}{\mathrm{d}t}\right|_e^n$ 相同，但是实际存在杆臂速度 $\boldsymbol{V}_L^n = \boldsymbol{V}_{es}^n - \boldsymbol{V}_{em}^n = \boldsymbol{V}_r + \delta\boldsymbol{V}$，且杆臂速度为

$$\boldsymbol{V}_L^n = \left.\frac{\mathrm{d}\boldsymbol{r}}{\mathrm{d}t}\right|_b^n + \boldsymbol{\omega}_{eb}^n \times \boldsymbol{r}^n \tag{2.18}$$

因为弹载子惯导相对于载体系是固定的，并且地球转动相对较慢，所以 $\left.\dfrac{\mathrm{d}\boldsymbol{r}}{\mathrm{d}t}\right|_b^n = 0$，$\boldsymbol{\omega}_{eb}^n = \boldsymbol{\omega}_{ib}^n$。

杆臂速度可简化为

$$\boldsymbol{V}_L^n = \boldsymbol{\omega}_{eb}^n \times \boldsymbol{r}^n = \boldsymbol{C}_b^n(\boldsymbol{\omega}_{ib}^b \times \boldsymbol{r}^b) \tag{2.19}$$

其中，$\boldsymbol{\omega}_{ib}^b$ 为载机角速度。

$\boldsymbol{\omega}_{ib}^b$ 可以由载机的主惯导陀螺仪测量得到，$\boldsymbol{C}_b^n$ 可以由载机的主惯导输出的导航参数得到。在已知杆臂 $\boldsymbol{r}$ 之后，可以根据计算出的杆臂速度对主惯导输出的载机地速 $\boldsymbol{V}_{em}^n$ 进行补偿，以便得到由主惯导输出所求得的弹体地速 $\boldsymbol{V}_{es}^n$，然后将该弹体地速与实际的弹体地速的差值作为量测量进行传递对准。

2.4.2　杆臂加速度

根据哥氏定理，将式(2.16)两边对惯性坐标系(i 系)时间求二阶导，再向机体坐标系(b 系)投影：

$$\left.\frac{\mathrm{d}\boldsymbol{R}^s}{\mathrm{d}t}\right|_i^b = \left.\frac{\mathrm{d}\boldsymbol{R}^m}{\mathrm{d}t}\right|_i^b + \left.\frac{\mathrm{d}\boldsymbol{r}}{\mathrm{d}t}\right|_b^b + \boldsymbol{\omega}_{ib}^b \times \boldsymbol{r}^b$$

因为弹载子惯导相对于载体系是固定的，所以 $\left.\dfrac{\mathrm{d}\boldsymbol{r}}{\mathrm{d}t}\right|_b = 0$，由此可得

$$\left.\frac{\mathrm{d}^2\boldsymbol{R}^s}{\mathrm{d}t^2}\right|_i^b = \left.\frac{\mathrm{d}^2\boldsymbol{R}^m}{\mathrm{d}t^2}\right|_i^b + \left.\frac{\mathrm{d}\boldsymbol{\omega}_{ib}^b}{\mathrm{d}t}\right|_i^b \times \boldsymbol{r}^b + \boldsymbol{\omega}_{ib}^b \times (\boldsymbol{\omega}_{ib}^b \times \boldsymbol{r}^b) \tag{2.20}$$

因为位置的二阶导是加速度，所以

$$\left.\frac{\mathrm{d}^2\boldsymbol{R}^s}{\mathrm{d}t^2}\right|_i^b = \boldsymbol{a}_s^b + \boldsymbol{g}^b$$

$$\left.\frac{\mathrm{d}^2\boldsymbol{R}^m}{\mathrm{d}t^2}\right|_i^b = \boldsymbol{a}_m^b + \boldsymbol{g}^b$$

由公式(2.20)可得

$$\boldsymbol{a}_s^b + \boldsymbol{g}^b = \boldsymbol{a}_m^b + \boldsymbol{g}^b + \dot{\boldsymbol{\omega}}_{ib}^b \times \boldsymbol{r}^b + \boldsymbol{\omega}_{ib}^b \times (\boldsymbol{\omega}_{ib}^b \times \boldsymbol{r}^b)$$

化简后可得

$$\boldsymbol{a}_s^b - \boldsymbol{a}_m^b = \dot{\boldsymbol{\omega}}_{ib}^b \times \boldsymbol{r}^b + \boldsymbol{\omega}_{ib}^b \times (\boldsymbol{\omega}_{ib}^b \times \boldsymbol{r}^b)$$

其中，$\boldsymbol{a}_s^b$ 为弹体比力在机体坐标系（b 系）中的投影；$\boldsymbol{a}_m^b$ 为载体比力在 b 系中的投影，令杆臂加速度为

$$\boldsymbol{a}_L^b = \boldsymbol{a}_s^b - \boldsymbol{a}_m^b = \dot{\boldsymbol{\omega}}_{ib}^b \times \boldsymbol{r}^b + \boldsymbol{\omega}_{ib}^b \times (\boldsymbol{\omega}_{ib}^b \times \boldsymbol{r}^b) \qquad (2.21)$$

在已知杆臂 $\boldsymbol{r}$ 之后，可以根据计算出的杆臂加速度对主惯导加速度计输出的比力 $\boldsymbol{a}_m^b$ 进行补偿，以便获得由主惯导输出所求得的弹体比力 $\boldsymbol{a}_s^b$，然后将该比力值与实际的弹体比力作为量测量进行传递对准。

2.4.3　杆臂效应误差分析

从公式（2.21）可以看出，只要主惯导与子惯导之间存在相对位移，在载机具有角运动 $\boldsymbol{\omega}_{ib}^b$ 时，杆臂加速度就会存在。其中，公式（2.21）等号右边第一项 $\dot{\boldsymbol{\omega}}_{ib}^b \times \boldsymbol{r}^b$ 是由杆臂效应所引起的切向加速度，第二项 $\boldsymbol{\omega}_{ib}^b \times (\boldsymbol{\omega}_{ib}^b \times \boldsymbol{r}^b)$ 是由杆臂效应所引起的法向加速度。

从公式（2.21）可以看出，要消除安装偏差值杆臂效应，则要求主惯导与子惯导之间没有相对位移，或者载体没有角运动。但是，在实际的机载系统中，机载主惯导的安装位置与机体的重心重合；而弹载子惯导却是安装在弹体上的，弹体一般悬挂在机翼或机腹部，两者之间存在相对位移。既然没有办法消除安装偏差值杆臂效应，只能通过其他的办法减弱杆臂效应对传递对准精度的影响。观察公式（2.21），其中，$\boldsymbol{r}$ 是主惯导与子惯导坐标原点间的距离向量，可以通过测量得到；$\boldsymbol{\omega}_{ib}^b$ 可以由载机的主惯导陀螺仪测量得到；$\dot{\boldsymbol{\omega}}_{ib}^b$ 可以由 $\boldsymbol{\omega}_{ib}^b$ 的微分得到。对于速度匹配，可以通过公式（2.18）计算出杆臂速度，使用计算出的杆臂速度去抵消弹载子惯导中存在的杆臂速度，以达到提高对准精度的目的；对于加速度匹配，可以通过公式（2.21）计算出杆臂加速度，使用计算出的杆臂加速度去抵消弹载子惯导中存在的杆臂加速度，以达到提高对准精度的目的。

2.5 机翼弹性变形数学模型

载机在飞行时要考虑到多种飞行情况，由于机翼不是刚体，在受到阵风、发动机的振动、载荷的变化等多种因素影响时，会产生机翼颤振以及机翼挠曲变形等弹性变形。由于其具有随机性，因此一般把由此类因素所引起的变形过程作为随机噪声处理，这些因素对传递对准精度有一定的影响，在进行传递对准时应该对此类影响因素加以考虑[39,40]。

2.5.1 机翼的挠曲变形模型

机载主惯导系统一般是安装在飞机座舱内，而弹载子惯导系统则安装在飞机机翼悬挂导弹处。当飞机的机翼绕 y_b 轴发生弯曲变形时，会对弹载子惯导的横滚角产生影响；当飞机的机翼绕 x_b 轴产生扭转变形时，会对弹载子惯导的俯仰角产生影响；而飞机机翼在第三个方向发生的变形很小，因此对弹载子惯导的航向角影响相对比较小。机体挠曲变形示意图如图 2-3 所示。

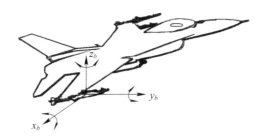

图 2-3 机体挠曲变形示意图

在机翼没有挠曲变形时，机载主惯导与弹载子惯导的不对准角只是由很小的制造误差和安装误差引起的；而在考虑机翼挠曲变形时，机载主惯导与弹载子惯导的不对准角 δ 除了安装误差角 μ 外，还有挠曲变形角 λ，并且 λ 是随时间而变化的，机翼变形引起的挠曲变形角如图 2-4 所示。

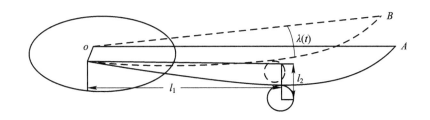

图 2 - 4 机翼变形引起的挠曲变形角

三者之间的关系如下：

$$\delta(t) = \mu + \lambda(t)$$

弹体坐标系相对机体坐标系的安装误差角是一个常值，可以由地面标定人员进行标定以后再对其进行常值补偿。但是载机机翼的挠曲变形主要是由于机翼的挠性和空气动力的作用造成的，要对机翼挠曲变形进行建模会涉及结构力学以及弹性力学等内容，应用难度比较大。因此本书将机翼绕各轴的挠曲变形看做白噪声激励的二阶马尔可夫（Markov）过程[41]。

设机翼的挠曲变形角为 $\boldsymbol{\lambda}_f = \begin{bmatrix} \lambda_{fx} & \lambda_{fy} & \lambda_{fz} \end{bmatrix}$，相应的挠曲变形角速度为 $\boldsymbol{\omega}_f = \begin{bmatrix} \omega_{fx} & \omega_{fy} & \omega_{fz} \end{bmatrix}$，则机翼挠曲变形的模型为

$$\begin{cases} \dot{\boldsymbol{\lambda}}_f = \boldsymbol{\omega}_f \\ \dot{\boldsymbol{\omega}}_f = -[\boldsymbol{\beta}^2]\boldsymbol{\lambda}_f - 2[\boldsymbol{\beta}]\boldsymbol{\omega}_f + \boldsymbol{\eta} \end{cases} \tag{2.22}$$

其中，$\boldsymbol{\beta} = T/2\pi$ 为机翼弹性阻尼系统的自振频率，T 为自振周期；$\boldsymbol{\eta}$ 为激励白噪声，且 $\eta(t) \sim N(0, r)$，r 为 $\eta(t)$ 的方差强度。

根据随机过程理论可以得到挠曲角速率方差为 $\sigma_{\omega_f}^2 = 1.363\,64r/\beta$；同理，可以得到挠曲角变形方差为 $\sigma_{\lambda_f}^2 = 1.100\,2\,r/\beta^3$。

由于机翼摆动的幅度非常小，因此可以认为挠曲变形角是线性的。设悬挂点处机翼沿 x_b 轴、y_b 轴和 z_b 轴的摆动幅度为 $A_x = A_y = A_z$，悬挂点距离翼根的水平距离和垂直距离分别为 l_1、l_2，则激励白噪声 $\boldsymbol{\eta}$ 的方差强度为

$$r_x = \frac{\sigma_{\lambda_{fx}}^2 \beta^3}{1.100\,2} = \frac{\left(\dfrac{A_x/2}{l_2}\right)^2 \beta^3}{1.100\,2}, \quad r_y = r_z = \frac{\sigma_{\lambda_{fy}}^2 \beta^3}{1.100\,2} = \frac{\left(\dfrac{A_y/2}{l_1}\right)^2 \beta^3}{1.100\,2}$$

设挠曲变形产生的弹体相对机体摆动的位移为 $\boldsymbol{P}_f^{b_m}$、速度为 $\boldsymbol{V}_f^{b_m}$、切向加速度为 $\boldsymbol{a}_{ft}^{b_m}$ 和法向加速度为 $\boldsymbol{a}_{fn}^{b_m}$。由图 2-4 可知

$$
\begin{cases}
\boldsymbol{P}_f^{b_m} = \begin{bmatrix} P_{fx}^{b_m} \\ P_{fy}^{b_m} \\ P_{fz}^{b_m} \end{bmatrix} = \begin{bmatrix} 0 \\ l_1\lambda_{fz} + l_2\lambda_{fx} \\ -l_1\lambda_{fy} \end{bmatrix}, \quad \boldsymbol{V}_f^{b_m} = \begin{bmatrix} V_{fx}^{b_m} \\ V_{fy}^{b_m} \\ V_{fz}^{b_m} \end{bmatrix} = \begin{bmatrix} 0 \\ l_1\omega_{fz} + l_2\omega_{fx} \\ -l_1\omega_{fy} \end{bmatrix} \\[4ex]
\boldsymbol{a}_{ft}^{b_m} = \begin{bmatrix} a_{ftx}^{b_m} \\ a_{fty}^{b_m} \\ a_{ftz}^{b_m} \end{bmatrix} = \begin{bmatrix} 0 \\ l_1\dot{\omega}_{fz} + l_2\dot{\omega}_{fx} \\ -l_1\dot{\omega}_{fy} \end{bmatrix}, \quad \boldsymbol{a}_{fn}^{b_m} = \begin{bmatrix} a_{fnx}^{b_m} \\ a_{fny}^{b_m} \\ a_{fnz}^{b_m} \end{bmatrix} = \begin{bmatrix} -l_1(\omega_{fy}^2 + \omega_{fz}^2) \\ 0 \\ l_2(\omega_{fx}^2 + \omega_{fy}^2) \end{bmatrix}
\end{cases}
$$

$$(2.23)$$

选取自振周期 $T=40$，假设悬挂点处机翼沿 x_b 轴、y_b 轴和 z_b 轴的摆动幅度为 $A_x = A_y = A_z = 2\text{ mm}$，$l_1 = 1\text{ m}$，$l_2 = 0.5\text{ m}$。机翼的挠曲变形角、挠曲变形角速度以及由公式(2.23)所确定的挠曲变形产生的位移、速度、切向加速度和法向加速度如图 2-5 所示。

由图 2-5 可知，机翼挠曲变形所引起的挠曲变形角的变化范围为 $\pm1°$，挠曲变形角速度的变化数量级为 $10°/\text{s}$，弹体摆动速度的变化数量级为 10^{-1} m/s，因此在使用角度匹配、角速度匹配和速度匹配时，要考虑机翼的挠曲变形；而机翼挠曲变形所引起的弹体摆动位移的变化范围仅仅为 $\pm0.02\text{ m}$，因此在使用位置匹配时可以不用考虑机翼的挠曲变形。

2.5.2 机翼的颤振模型

颤振是一种自激振动，主要是指机翼的运动速度达到某一定值时，在非定常空气动力、惯性力及弹性力的相互影响和相互作用下，刚好使机翼的振动持续下去，这种现象称为颤振[42]。

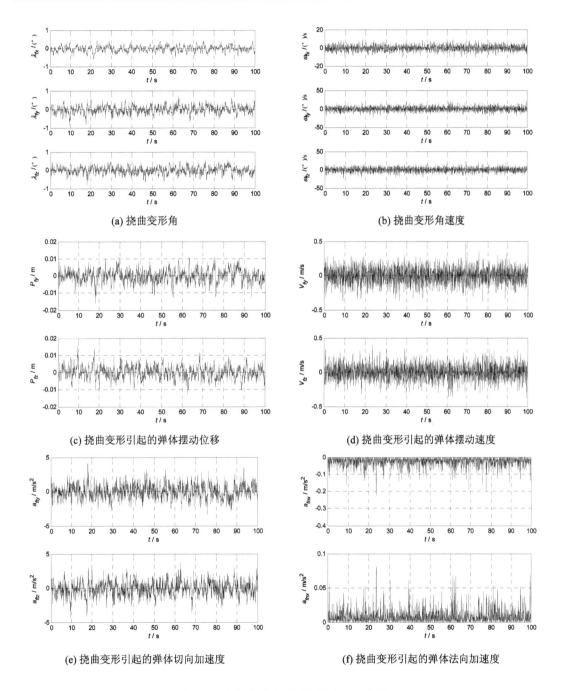

图 2-5　机翼挠曲变形引起的参数变化图

1. 机翼颤振形成的原因

颤振的基本特点是存在多个自由度的耦合。当机翼发生颤振时，应同时具有弯曲和扭转两个自由度，如果机翼只保留弯曲振动而约束扭转振动，则悬臂机翼就不会发生颤振；相反，如果机翼只保留扭转振动而约束弯曲振动，则只有在攻角接近失速攻角时，才会发生失速颤振。

弯曲和扭转运动之间的相位差也是发生机翼颤振的主要原因。设机翼的重心在扭心的后面，则机翼作为一个弹性体，在受到扰动后就会产生弯扭耦合振动。当机翼往前飞且作弯扭振动时，在机翼上会产生一些附加的气动力。从能量的角度考虑，当气动力方向与振动方向相同时，机翼的功率为正；当气动力方向与振动方向相反时，机翼的功率为负。图2-6所示是具有弯曲和扭转两个自由度的机翼振动在一个振动周期内气动力的能量平衡，其中"—"表示机翼的飞行位置，"○"表示机翼翼体切面。

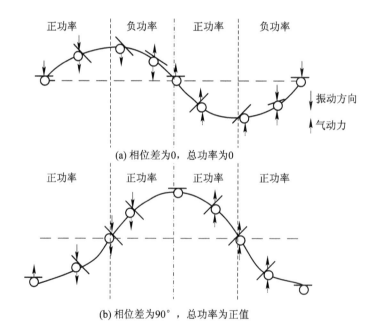

(a) 相位差为0，总功率为0

(b) 相位差为90°，总功率为正值

图2-6　颤振弹性力图

图 2-6(a)表示机翼振动中的弯曲运动和扭转运动之间的相位差为 0，这时，每个振动周期内机翼的总功率为 0；图(b)表示机翼振动中的弯曲运动和扭转运动相位差为 90°，当飞机以速度 V 飞行时，机翼由于受到干扰而产生了弹性位移。

假设机翼扭转的角度为 θ 时，则攻角的改变也是 θ 角，这就会使机翼的升力改变了 ΔL_θ，其方向和机翼运动方向相同；当机翼向下运动时，攻角减少 θ，升力则相应的减少 ΔL_θ，这种附加的气动力 ΔL_θ 可以看做促进机翼运动的力。所以在弯曲运动和扭转运动相位差为 90°的情况下，ΔL_θ 是激振力。由于弯曲振动的存在，导致机翼的基本速度 V 的大小和方向都有改变，当机翼作弯曲运动时，弯曲速度也会存在，这样就会导致机翼的攻角改变了 $\Delta \alpha$，相应的升力也就改变了 ΔL_α，这个附加气动力总是与机翼弯曲运动的方向相反，因此气动力 ΔL_α 是减振力。

综上所述，机翼在作弯曲运动与扭转运动时，会同时产生两种附加的气动力 ΔL_θ 和 ΔL_α，而且两者的性质是完全相反的，也正是由于这两种气动力的存在，才导致了机翼的颤振运动。

2. 机翼颤振模型的建立

由于引起颤振的振源具有随机性，因此可以用带有随机相位的正弦函数来表示颤振所引起的位移。设导弹悬挂点的颤振幅值为 A_i，则由颤振引起的位置噪声为

$$P_i = A_i \sin(2\pi f_i t + \varphi_i)$$

由颤振引起的速度噪声为

$$V_i = 2\pi A_i f_i \cos(2\pi f_i t + \varphi_i)$$

由颤振引起的加速度噪声为

$$a_i = -4\pi^2 A_i f_i^2 \sin(2\pi f_i t + \varphi_i)$$

其中，$i = y, z$；A_i 为颤振幅值；f_i 为颤振频率；φ_i 为随机相位，服从 $[0, 2\pi]$ 上的均匀分布。

若假设颤振引起的 ox_{b_m} 轴和 oz_{b_m} 轴的颤振变形角和相应的角速度相同，则由图 2-4 知

$$
\begin{cases}
\lambda_y = -\dfrac{1}{l_1}P_z \\
\lambda_x = \lambda_z = -\dfrac{1}{l_1+l_2}P_y
\end{cases},
\begin{cases}
\omega_y = -\dfrac{1}{l_1}V_z \\
\omega_x = \omega_z = -\dfrac{1}{l_1+l_2}V_y
\end{cases}
$$

3. 机翼颤振仿真

由于滤波周期一般都远远大于颤振周期，并且颤振相位为随机相位，因此可以将颤振引起的位置和速度作为白噪声处理。假设颤振是各态历经的（即平稳过程关于时间的平均近似地等于观察总体的集合平均），机翼颤振的幅度为 $A_y=A_z=2$ mm，颤振频率为 $f_y=f_z=25$ Hz。则位置、速度、加速度、颤振变形角和颤振变形角速度的标准差分别为

$$
\begin{cases}
\sigma_{p_y}=\sigma_{p_z}=\sqrt{\dfrac{1}{T_t}\int_1^{\frac{1}{T_t}}p_y^2\,\mathrm{d}t}=\dfrac{A_y}{\sqrt{2}}=0.0014\ \mathrm{m}\\[2mm]
\sigma_{v_y}=\sigma_{v_z}=\sqrt{\dfrac{1}{T_t}\int_1^{\frac{1}{T_t}}V_y^2\,\mathrm{d}t}=\dfrac{A_y(2\pi f_y)}{\sqrt{2}}=0.223\ \mathrm{m/s}\\[2mm]
\sigma_{a_y}=\sigma_{a_z}=\sqrt{\dfrac{1}{T_t}\int_1^{\frac{1}{T_t}}a_y^2\,\mathrm{d}t}=\dfrac{A_y(2\pi f_y)^2}{\sqrt{2}}=3.56\ \mathrm{g}\\[2mm]
\sigma_{\lambda_x}=\sigma_{\lambda_z}=\dfrac{1}{l_1+l_2}\sqrt{\dfrac{1}{T_t}\int_0^{\frac{1}{T_t}}P_y^2\,\mathrm{d}t}=\dfrac{A_y}{\sqrt{2}(l_1+l_2)}=9.5\times10^{-5}\mathrm{rad}=3.25'\\[2mm]
\sigma_{\lambda_y}=\dfrac{1}{l_1}\sqrt{\dfrac{1}{T_t}\int_0^{\frac{1}{T_t}}P_z^2\,\mathrm{d}t}=\dfrac{A_z}{\sqrt{2}\,l_1}=6.37\times10^{-4}\mathrm{rad}=2.19'\\[2mm]
\sigma_{\tilde{\omega}_x}=\sigma_{\tilde{\omega}_z}=\dfrac{1}{l_1+l_2}\sqrt{\dfrac{1}{T_t}\int_0^{\frac{1}{T_t}}V_y^2\,\mathrm{d}t}=\dfrac{A_y2\pi f_y}{\sqrt{2}(l_1+l_2)}=0.148\ \mathrm{rad/s}=8.48°/\mathrm{s}\\[2mm]
\sigma_{\tilde{\omega}_y}=\dfrac{1}{l_1}\sqrt{\dfrac{1}{T_t}\int_0^{\frac{1}{T_t}}V_z^2\,\mathrm{d}t}=\dfrac{A_z2\pi f_z}{\sqrt{2}\,l_1}=0.223\ \mathrm{rad/s}=12.729°/\mathrm{s}
\end{cases}
$$

$$(2.24)$$

颤振对机体参数的影响如图 2－7 所示。

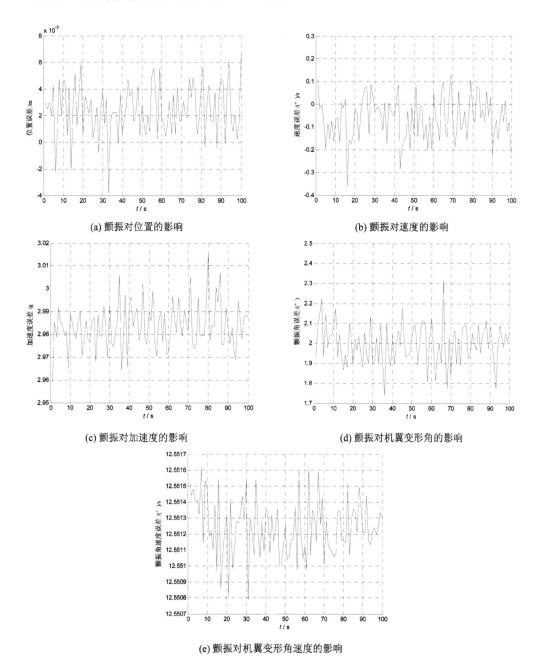

(a) 颤振对位置的影响

(b) 颤振对速度的影响

(c) 颤振对加速度的影响

(d) 颤振对机翼变形角的影响

(e) 颤振对机翼变形角速度的影响

图 2－7　颤振对机体参数的影响

由公式(2.24)及图 2-7 可知,机翼颤振产生的位置噪声标准差的量级为 10^{-3} 级,速度噪声标准差的量级为 10^{-1} 级,加速度噪声标准差的量级为 10 g 级,颤振变形角噪声标准差的量级为角分级,颤振变形角速度噪声标准差的量级为 $10°/s$ 级。因此在位置匹配与角度匹配中可以不考虑颤振模型,但是在速度匹配、加速度匹配和角速度匹配中就要求考虑颤振模型了。

2.6 跟踪微分器在机翼挠曲变形中的应用分析

2.6.1 跟踪微分器的基本原理

在实际的工程应用中,信号输出一般包括原始信号和噪声信号两部分,为了提取或恢复原始信号,通常会设计合适的滤波器以得到原始信号的最佳逼近。最经典的两种滤波器是维纳滤波器和卡尔曼滤波器。但是,设计维纳滤波器需要作功率谱分解,只有当被处理信号为平稳信号、原始信号和噪声信号为一维且功率谱为有理分式时,维纳滤波器的传递函数才可以求解,因此维纳滤波器在实际应用中几乎无法使用。卡尔曼滤波器改进了维纳滤波算法,它采用递推计算的方法使其计算起来更加方便,但卡尔曼滤波的计算量仍然很大。目前,卡尔曼滤波器在实际工程中广泛采用。

在信号处理日新月异的今天,提高滤波器设计的简便性和实用性是很有意义的。跟踪微分器(TD)是自抗扰控制器(ADRC)的重要组成部分。跟踪微分器最初提出的目的是为了较好地解决在实际工程问题中,由不连续或带随机噪声的量测信号合理地提取连续信号及微分信号,但对其滤波性能并没有进行探讨。在对跟踪微分器(TD)的进一步研究之后,将其发展成为更便于利用计算机计算的快速离散跟踪微分器,其滤波性能也就初露端倪,因此也被称为 TD 滤波器。

跟踪微分器得到的微分信号是输入信号广义导数的一种光滑逼近。对它输

入一个信号 $v(t)$，它将输出两个信号 x_1 和 x_2，其中 x_1 跟踪信号 $v(t)$，而 $x_2 = \dot{x}_1$，从而把 x_2 看做信号 $v(t)$ 的近似微分。

关于信号 $v(t)$ 的跟踪微分器离散形式为

$$
\begin{cases}
x_1(k+1) = x_1(k) + h_1 x_2(k) \\
e(k) = x_1(k) - v(k) \\
z_1(k) = e(k) + h_1 x_2(k) \\
x_2(k) = x_2(k) - h_1 r \cdot \text{fst}[g(k), \delta] \\
\delta = h_1 r, \ \delta_1 = h_1 \delta
\end{cases}
\tag{2.25}
$$

其中

$$
g(k) = \begin{cases}
x_2(k) - \text{sign}(z_1(k))(\delta - \sqrt{\delta^2 + 8r|z_1(k)|}/2), & |z_1(k)| \geqslant \delta_1 \\
x_2(k) + z_1(k)/h, & |z_1(k)| < \delta_1
\end{cases}
$$

$$
\text{fst}(x, \delta) = \begin{cases}
\text{sign}(x), & |x| \geqslant \delta \\
\dfrac{x}{\delta}, & |x| < \delta
\end{cases}
$$

$$
\text{sign}(x) = \begin{cases}
1, & x \geqslant 0 \\
-1, & x < 0
\end{cases}
$$

$x_1(k)$ 为跟踪信号；$x_2(k)$ 为近似微分信号；h_1 为积分步长；$v(k)$ 为输入信号；r 为快速因子，是决定跟踪快慢的参数。r 值越大，$x_1(k)$ 会更快地跟踪信号 $v(t)$，但当 $v(t)$ 被噪声污染时，会使信号 $x_1(k)$ 被更大的噪声所污染。为了滤掉 $x_1(k)$ 所含的噪声，选取适当的 h_1 可获得很好的滤波效果。

2.6.2　跟踪微分器在挠曲变形中的应用

载机在飞行中的弹性变形主要为机翼的准静态挠曲和颤振。其中，准静态挠曲是由于飞机动力学以及载荷变化等因素引起的低频机翼弯曲现象；颤振是受到阵风和发动机的振动等引起的结构振动。在传递对准中一般采用低通滤波器来抑制量测中的颤振信号，而对于准静态挠曲则采用跟踪微分器进行补偿。

设机翼的挠曲变形角向量为 $\boldsymbol{\lambda}_f = [\lambda_{fx} \quad \lambda_{fy} \quad \lambda_{fz}]$，相应的挠曲变形角速度向量为 $\boldsymbol{\omega}_f = [\omega_{fx} \quad \omega_{fy} \quad \omega_{fz}]$，则机翼挠曲变形的模型为

$$\begin{cases} \dot{\boldsymbol{\lambda}}_f = \boldsymbol{\omega}_f \\ \dot{\boldsymbol{\omega}}_f = -[\boldsymbol{\beta}^2]\boldsymbol{\lambda}_f - 2[\boldsymbol{\beta}]\boldsymbol{\omega}_f + \boldsymbol{\eta} \end{cases}$$

其中，$\beta = T/2\pi$ 为机翼弹性阻尼系统的自振频率，T 为自振周期；$\boldsymbol{\eta}$ 为激励白噪声。跟踪微分器对机翼准静态挠曲的仿真如图 2-8 所示。

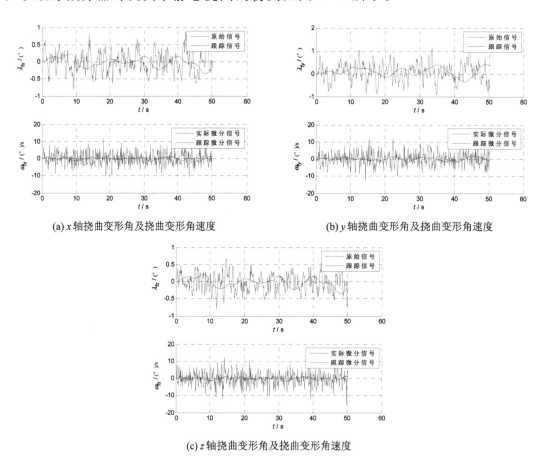

(a) x 轴挠曲变形角及挠曲变形角速度

(b) y 轴挠曲变形角及挠曲变形角速度

(c) z 轴挠曲变形角及挠曲变形角速度

图 2-8 机体挠曲变形角及挠曲变形角速度

由图 2-8 可以看出，跟踪微分器能够准确跟踪到原始信号，并可得到较好

品质的微分信号。

2.7　传递对准中主惯性导航信息滞后问题研究

传递对准实质上就是主惯导与子惯导系统空间角位置关系对准的一个过程。本节将讨论主惯导与子惯导之间的时间对准（时间同步）问题。一般而言，传递对准过程中由于数据处理、传输耗时，子惯导系统接收到主惯导系统的对准信息在时间上存在一定的延迟，而对准信息的延迟对传递对准精度的影响很大，计算机需要精确给出对准参考信息的延迟时间，在每次传递对准信息时将延迟时间同时也传递给子惯导系统。

若要将延迟时间列入状态向量，就需要给出延迟时间的模型，然后将延迟时间考虑为随机常值，这在一定程度上限制了这种方法的应用。考虑到一般火控计算机将延迟时间信息已传递给导弹 INS，即延迟时间在具体计算时是可以确定的，因此可不将延迟时间列入状态，而直接利用这一信息对主惯导参考数据滞后进行补偿。

目前，处理数据滞后的方法大致可分为如下两类：

（1）直接补偿量测量。它是一种用其他传感器或采用数据外推的方法。

（2）在过去时刻滤波通过时间更新获得当前时刻的估计值。

第一种方法较简单，对量测量进行补偿后即可按照通常的滤波算法进行处理[43-48]。

假定子惯导在 t_k 时刻可利用的主惯导数据对应为 $t_k - \tau$ 时刻的数据信息，即子惯导系统获取主惯导数据的时间可在 $[t_k - \tau, t_k]$ 之间。其中 $\tau = \tau_1 + \tau_2$，τ_1 为数据传输延迟时间，τ_2 为滤波数据不同步时间。这里假定卡尔曼滤波周期为 1 s；τ 小于滤波周期，延迟时间 τ_1 一般为 20 ms～100 ms。滤波处理时，将时间基准统一到主惯导数据对应时刻后进行卡尔曼滤波处理，再通过时间更新获得当前时刻的子惯导误差估计值。传递对准相对时间顺序关系如图 2-9 所示。

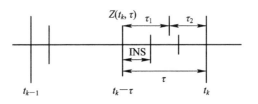

图 2-9　传递对准相对时间顺序关系

设 t_{k-1} 时刻的估计值为 $\hat{x}(t_{k-1})$，其估计方差为 $\boldsymbol{P}(t_{k-1})$。在主惯导数据到来时，确定其对应时刻为 $t_k-\tau$，在区间 $[t_{k-1}, t_k-\tau]$ 对系统方程进行离散化，再进行卡尔曼滤波（时间更新、量测更新）；随后在时间段 $[t_k-\tau, t_k]$ 对系统方程进行离散化并进行时间更新，得到当前时刻的状态估计值 $\hat{x}(t_k)$ 及其估计方差 $\boldsymbol{P}(t_k)$。

考虑所得到的传递对准滤波模型离散化后为

$$\begin{cases} \boldsymbol{x}(t_k) = \boldsymbol{\Phi}(t_k, t_{k-1})\boldsymbol{x}(t_{k-1}) + \boldsymbol{w}(t_{k-1}) \\ \boldsymbol{z}(t_k) = \boldsymbol{H}(t_k)\boldsymbol{x}(t_k) + \boldsymbol{v}(t_k) \end{cases} \tag{2.26}$$

在 $t_k-\tau$ 时刻进行卡尔曼滤波：

$$\hat{\boldsymbol{x}}(t_k-\tau \mid t_{k-1}) = \boldsymbol{\Phi}(t_k-\tau, t_{k-1})\hat{\boldsymbol{x}}(t_{k-1})$$

$$\boldsymbol{P}(t_k-\tau \mid t_{k-1}) = \boldsymbol{\Phi}(t_k-\tau, t_{k-1})\boldsymbol{P}(t_{k-1})\boldsymbol{\Phi}(t_k-\tau, t_{k-1})^{\mathrm{T}} + \boldsymbol{Q}(t_k-\tau)$$

$$\hat{\boldsymbol{x}}(t_k-\tau) = \hat{\boldsymbol{x}}(t_k-\tau \mid t_{k-1}) + \boldsymbol{K}(t_k-\tau)[\boldsymbol{z}(t_k-\tau) - \boldsymbol{H}(t_k-\tau)\hat{\boldsymbol{x}}(t_k-\tau \mid t_{k-1})]$$

$$\boldsymbol{K}(t_k-\tau) = \boldsymbol{P}(t_k-\tau \mid t_{k-1})\boldsymbol{H}(t_k-\tau)^{\mathrm{T}}\boldsymbol{R}(t_k-\tau)^{-1}$$

$$\boldsymbol{P}(t_k-\tau) = [\boldsymbol{I} - \boldsymbol{K}(t_k-\tau)\boldsymbol{H}(t_k-\tau)]\boldsymbol{P}(t_k-\tau \mid t_{k-1})$$

在 t_k 时刻进行时间更新：

$$\hat{\boldsymbol{x}}(t_k) = \boldsymbol{\Phi}(t_k, t_k-\tau)\hat{\boldsymbol{x}}(t_k-\tau)$$

$$\boldsymbol{P}(t_k) = \boldsymbol{\Phi}(t_k, t_k-\tau)\boldsymbol{P}(t_k-\tau)\boldsymbol{\Phi}(t_k, t_k-\tau)^{\mathrm{T}} + \boldsymbol{Q}(t_k)$$

重复以上过程，就可以获得各时间点上的状态估计值。这里并不要求能将 τ_1 视为随机常值，只要求能确定主惯导参考数据对应的延迟时间即可。根据转移矩阵的特性，计算各时间段状态转移矩阵时可将各时间段分成更小的 τ_{INS} 时间段来计算，以提高计算精度。当然，在计算过程中需要存储计算各时间段状态转移矩阵和 $t_k - \tau$ 时刻量测矩阵所需的一些信息，主要是子惯导在 $t_k - \tau$ 时刻的导航信息。处理过程中需对子惯性导航系统最近一段时间内的导航信息、IMU 输出进行存储，时间段的长度只要不小于 τ 的最大值即可。

第3章 传递对准的基本匹配方案

机载导弹捷联惯导系统的传递对准中，由于机载主惯导向弹载子惯导装订初始值时存在初始误差以及惯性元器件的测量误差，因此弹载子惯导所确定的弹体姿态矩阵 $\hat{C}_b^n$ 是有误差的。如何准确估计 $\hat{C}_b^n$ 中的误差值，就是传递对准所要解决的问题[49-52]。

目前传递对准基本匹配方案可分为两大类，分别称为计算参数匹配法（速度匹配、姿态匹配、位置匹配）和测量参数匹配法（角速度匹配和比力匹配）。计算参数匹配法和测量参数匹配法各有优缺点，两者的比较如下：

（1）由于计算参数匹配法能有效地抑制运载体振动环境的影响，因此其精度较高；而测量参数匹配法精度受机翼挠曲变形及颤振影响很大，现实中又很难对挠曲和颤振进行精确建模，因此其精度较差。

（2）计算参数匹配法产生足够大的观测量差值的过程需要一定的时间，故这种方法的对准时间较长；而测量参数匹配法直接使用惯性元器件的测量值作为观测量，因此对准速度较快。

3.1 传递对准机动方式的数学模型

机载导弹捷联惯导系统在实际的传递对准过程中，要求使用比较容易实现的机动方式来实现弹载子惯导的快速对准。高加速度机动与强制改变飞行路径的机动会增加飞行员的工作负荷，同时还不容易实现，因此设计摇翼机动方式进行传递对准。

假设摇翼仿真时间为 12 s，摇翼角度为 30°；传递对准初始位置为北纬 34.030 06°、东经 108.764 05°，海拔高度为 480 m；飞机的飞行速度为 230 m/s；飞行高度为 7000 m；航向角为 60°，俯仰角为 0°，横滚角为 0°。传递对准摇翼仿真运动轨迹设置如表 3-1 所示。

表 3-1 传递对准摇翼仿真运动轨迹设置

阶段	航行动作	起始时间/s	持续时间/s	航向角变化率 $\dot{\psi}/(°)/s$	俯仰角变化率 $\dot{\theta}/(°)/s$	倾斜角变化率 $\dot{\gamma}/(°)/s$	加速度(m/s²)/初速度(m/s)
1	右倾	0	2	0	0	15	0/230
2	左倾	2	4	0	0	−15	0/230
3	右倾	6	4	0	0	15	0/230
4	左倾	10	2	0	0	−15	0/230
5	匀速平飞	12		0	0	0	0/230

传递对准摇翼仿真轨迹图如图 3-1 所示。

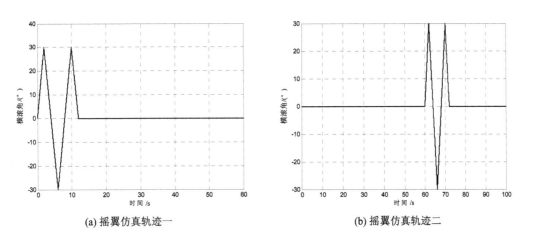

(a) 摇翼仿真轨迹一　　　　　　　　(b) 摇翼仿真轨迹二

图 3-1 传递对准摇翼仿真轨迹图

速度匹配、姿态匹配以及角速度匹配的摇翼机动仿真轨迹采用摇翼仿真轨迹一，参见图 3-1(a)；速度＋姿态匹配以及速度＋角速度匹配的摇翼机动从第

60 s 开始，仿真轨迹采用摇翼仿真轨迹二，参见图 3 - 1(b)。

3.2　速度匹配传递对准

速度匹配是将机载主惯导提供的速度信息与弹载子惯导的速度信息之差作为观测量，通过卡尔曼滤波器对弹载子惯导的平台失准角进行估计与修正。它是目前较为成熟的一种匹配方案。但是，速度匹配在应用时，需要载体做大幅度的机动才能估计出较为理想的方位失准角[17, 53-55]。

3.2.1　速度匹配传递对准的状态方程

设速度匹配传递对准的系统状态向量为

$$\boldsymbol{X}_v = \begin{bmatrix} \boldsymbol{\varphi}^{n\mathrm{T}} & \delta \boldsymbol{V}_e^{n\mathrm{T}} & \boldsymbol{\varepsilon}^{b_s,\mathrm{T}} & \nabla^{b_s,\mathrm{T}} \end{bmatrix}^{\mathrm{T}}$$

其中，$\boldsymbol{\varphi}^n = \begin{bmatrix} \varphi_x & \varphi_y & \varphi_z \end{bmatrix}^{\mathrm{T}}$ 为子惯导平台失准角；$\delta \boldsymbol{V}_e^n = \begin{bmatrix} \delta V_{ex}^n & \delta V_{ey}^n & \delta V_{ez}^n \end{bmatrix}^{\mathrm{T}}$ 为子惯导东向、北向和天向速度误差；$\boldsymbol{\varepsilon}^{b_s} = \begin{bmatrix} \varepsilon_x^{b_s} & \varepsilon_y^{b_s} & \varepsilon_z^{b_s} \end{bmatrix}^{\mathrm{T}}$ 为子惯导陀螺的常值漂移；$\nabla^{b_s} = \begin{bmatrix} \nabla_x^{b_s} & \nabla_y^{b_s} & \nabla_z^{b_s} \end{bmatrix}^{\mathrm{T}}$ 为子惯导加速度计的常值偏置误差，则速度匹配系统的状态方程为

$$\begin{cases} \dot{\boldsymbol{\varphi}}^n = -\boldsymbol{\omega}_{in}^n \times \boldsymbol{\varphi}^n - \boldsymbol{C}_{b_s}^n \boldsymbol{\varepsilon}_b^{b_s} - \boldsymbol{C}_{b_s}^n \boldsymbol{\varepsilon}_w^{b_s} \\[2mm] \delta \dot{\boldsymbol{V}}^n = (\boldsymbol{C}_{b_s}^n \boldsymbol{f}^{b_s}) \times \boldsymbol{\varphi}^n - (2\boldsymbol{\omega}_{ie}^n + \boldsymbol{\omega}_{en}^n) \times \delta \boldsymbol{V}^n + \boldsymbol{C}_{b_s}^n \nabla_b^{b_s} + \boldsymbol{C}_{b_s}^n \nabla_w^{b_s} \\[2mm] \dot{\boldsymbol{\varepsilon}}^{b_s} = \boldsymbol{0} \\[2mm] \dot{\nabla}^{b_s} = \boldsymbol{0} \end{cases}$$

式中，$\boldsymbol{\varepsilon}_w^{b_s}$ 为陀螺激励高斯白噪声；$\nabla_w^{b_s}$ 为加速度计激励高斯白噪声；$\boldsymbol{C}_{b_s}^n$ 为姿态矩阵：

$$\boldsymbol{C}_{b_s}^n = \begin{bmatrix} T_{11} & T_{12} & T_{13} \\ T_{21} & T_{22} & T_{23} \\ T_{31} & T_{32} & T_{33} \end{bmatrix}$$

经推导可得速度传递对准的系统状态空间模型为

$$\dot{\boldsymbol{X}}_v = \begin{bmatrix} -\left[\boldsymbol{\omega}_{in}^n \times\right] & \boldsymbol{0}_{3\times3} & -\boldsymbol{C}_{b_s}^n & \boldsymbol{0}_{3\times3} \\ \left[\boldsymbol{f}^n \times\right] & -\left[(2\boldsymbol{\omega}_{ie}^n + \boldsymbol{\omega}_{en}^n)\times\right] & \boldsymbol{0}_{3\times3} & \boldsymbol{C}_{b_s}^n \\ \boldsymbol{0}_{3\times3} & \boldsymbol{0}_{3\times3} & \boldsymbol{0}_{3\times3} & \boldsymbol{0}_{3\times3} \\ \boldsymbol{0}_{3\times3} & \boldsymbol{0}_{3\times3} & \boldsymbol{0}_{3\times3} & \boldsymbol{0}_{3\times3} \end{bmatrix} \boldsymbol{X}_v + \begin{bmatrix} -\boldsymbol{C}_{b_s}^n \boldsymbol{\varepsilon}_w^{b_s} \\ \boldsymbol{C}_{b_s}^n \nabla_w^{b_s} \\ \boldsymbol{0}_{3\times1} \\ \boldsymbol{0}_{3\times1} \end{bmatrix}$$

其中

$$\left[\boldsymbol{f}^n \times\right] = \begin{bmatrix} 0 & -f_U & f_N \\ f_U & 0 & -f_E \\ -f_N & f_E & 0 \end{bmatrix} - \left[(2\boldsymbol{\omega}_{ie}^n + \boldsymbol{\omega}_{en}^n)\times\right]$$

$$= \begin{bmatrix} 0 & 2\omega_{ie}\sin L + \dfrac{V_E\tan L}{R_N} & -\left(2\omega_{ie}\cos L + \dfrac{V_E}{R_N}\right) \\ -\left(2\omega_{ie}\sin L + \dfrac{V_E\tan L}{R_N}\right) & 0 & -\dfrac{V_N}{R_M} \\ 2\omega_{ie}\cos L + \dfrac{V_E}{R_N} & \dfrac{V_N}{R_M} & 0 \end{bmatrix}$$

3.2.2　速度匹配传递对准的量测方程

设机载主惯导输出的载机地速真值为 $\boldsymbol{V}_{em}^n$，载机地速误差为 $\delta\boldsymbol{V}_{em}^n$；弹载子惯导输出的弹体地速真值为 $\boldsymbol{V}_e^n$，弹体地速误差为 $\delta\boldsymbol{V}_e^n$；由机载主惯导输出计算得到的杆臂速度真值为 $\boldsymbol{V}_L^n$，杆臂速度误差为 $\delta\boldsymbol{V}_L^n$，则速度匹配的量测量选取为

$$\boldsymbol{Z}_V = (\boldsymbol{V}_e^n + \delta\boldsymbol{V}_e^n) - (\boldsymbol{V}_{em}^n + \delta\boldsymbol{V}_{em}^n + \boldsymbol{V}_L^n + \delta\boldsymbol{V}_L^n)$$

由机翼弹性分析可知，弹体地速真值可以表示为

$$\boldsymbol{V}_e^n = \boldsymbol{V}_{em}^n + \boldsymbol{V}_L^n + \boldsymbol{V}_f^n + \boldsymbol{V}_v^n$$

式中，$\boldsymbol{V}_f^n$ 为机翼挠曲变形引起的弹体摆动速度；$\boldsymbol{V}_v^n$ 为机翼颤振引起的速度噪声。

经推导可得

$$\boldsymbol{Z}_V = \delta\boldsymbol{V}_e^n - (\delta\boldsymbol{V}_{em}^n + \delta\boldsymbol{V}_L^n - \boldsymbol{V}_f^n - \boldsymbol{V}_v^n)$$

即

$$\boldsymbol{Z}_V = \begin{bmatrix} \boldsymbol{0}_{3\times3} & \boldsymbol{I}_{3\times3} & \boldsymbol{0}_{3\times3} & \boldsymbol{0}_{3\times3} \end{bmatrix} \boldsymbol{X}_v + \boldsymbol{V}_V$$

其中

$$\boldsymbol{V}_V = -(\delta\boldsymbol{V}_{em}^n + \delta\boldsymbol{V}_L^n - \boldsymbol{V}_f^n - \boldsymbol{V}_v^n), \ \boldsymbol{V}_f^n = \boldsymbol{C}_b^n\boldsymbol{V}_f, \ \boldsymbol{V}_v^n = \boldsymbol{C}_b^n\boldsymbol{V}_v$$

由于 $\delta\boldsymbol{V}_{em}^n$ 与 $\boldsymbol{V}_f$、$\boldsymbol{V}_v$ 相互独立，因此可得系统量测噪声方差阵为

$$\begin{aligned}
\boldsymbol{R}_V &= E[\boldsymbol{V}_V\boldsymbol{V}_V^T] \\
&= E[(-\delta\boldsymbol{V}_{em}^n)(-\delta\boldsymbol{V}_{em}^n)^T] + \boldsymbol{C}_b^n \cdot E[(\boldsymbol{V}_f + \boldsymbol{V}_v)(\boldsymbol{V}_f + \boldsymbol{V}_v)^T]\boldsymbol{C}_b^{nT} \\
&= \boldsymbol{R}_{V_m} + \boldsymbol{C}_b^n\boldsymbol{R}_{V_f}\boldsymbol{C}_b^{nT} + \boldsymbol{C}_b^n\boldsymbol{R}_{V_v}\boldsymbol{C}_b^{nT}
\end{aligned}$$

式中，$\boldsymbol{R}_{V_m}$ 为主惯导速度噪声方差矩阵；$\boldsymbol{R}_{V_f}$ 为机翼挠曲变形引起的摆动速度噪声方差矩阵；$\boldsymbol{R}_{V_v}$ 为机翼颤振引起的摆动速度噪声方差矩阵，均可由功率谱建模原理得到[57-59]。

3.3　姿态匹配传递对准

姿态匹配传递对准是将机载主惯导的高精度姿态信息(姿态角、姿态矩阵、姿态四元数或量测失准角)与弹载子惯导姿态信息之差作为观测量，通过卡尔曼滤波器估计主惯导与子惯导载体坐标系之间的安装误差角及姿态误差，进而对弹载子惯导的姿态进行修正，实现精度更高、速度更快的对准[54,60-62]。

3.3.1　姿态匹配传递对准的状态方程

设姿态匹配传递对准的系统状态为

$$\boldsymbol{X}_\theta = \begin{bmatrix} \boldsymbol{\varphi}^{nT} & \boldsymbol{\varepsilon}^{b_sT} & \boldsymbol{\mu}^T & \boldsymbol{\lambda}_f^T & \boldsymbol{\omega}_f^T \end{bmatrix}^T$$

其中，$\boldsymbol{\varphi}^n = \begin{bmatrix} \varphi_x & \varphi_y & \varphi_z \end{bmatrix}^T$ 为子惯导平台失准角；$\boldsymbol{\mu} = \begin{bmatrix} \mu_x & \mu_y & \mu_z \end{bmatrix}^T$ 为弹体安装误差角；$\boldsymbol{\lambda}_f = \begin{bmatrix} \lambda_{fx} & \lambda_{fy} & \lambda_{fz} \end{bmatrix}^T$ 为机翼挠曲变形角；$\boldsymbol{\omega}_f = \begin{bmatrix} \omega_{fx} & \omega_{fy} & \omega_{fz} \end{bmatrix}^T$ 为机翼挠曲变形角速度；$\boldsymbol{\varepsilon}^{b_s} = \begin{bmatrix} \varepsilon_x^{b_s} & \varepsilon_y^{b_s} & \varepsilon_z^{b_s} \end{bmatrix}^T$ 为子惯导陀螺的常值漂移。则姿态

匹配系统的状态方程为

$$
\begin{cases}
\dot{\boldsymbol{\varphi}}^n = -\boldsymbol{\omega}_{in}^n \times \boldsymbol{\varphi}^n - \boldsymbol{C}_{b_s}^n \boldsymbol{\varepsilon}^{b_s} - \boldsymbol{C}_{b_s}^n \boldsymbol{\varepsilon}_w^{b_s} \\[2mm]
\dot{\boldsymbol{\varepsilon}}_w^{b_s} = \boldsymbol{0} \\[2mm]
\dot{\boldsymbol{\mu}}^{b_f} = \boldsymbol{0} \\[2mm]
\dot{\boldsymbol{\lambda}}_f = \boldsymbol{\omega}_f \\[2mm]
\dot{\boldsymbol{\omega}}_f = -[\boldsymbol{\beta}^2]\boldsymbol{\lambda}_f - 2[\boldsymbol{\beta}]\boldsymbol{\omega}_f + \boldsymbol{\eta}
\end{cases}
$$

式中，$\boldsymbol{\varepsilon}_w^{b_s}$ 为陀螺量测高斯白噪声；$\boldsymbol{\eta} = [\eta_x \quad \eta_y \quad \eta_z]^T$ 为二阶挠曲白噪声驱动向量，$\boldsymbol{\eta}$ 为零均值均匀分布，即 $\eta_i \sim N(0, Q_i)$，$Q_i = 4\beta_i^3 \sigma_\eta^2$，$\sigma_\eta^2$ 为三个弹性变形角的方差强度；$[\boldsymbol{\beta}] = \mathrm{diag}(\beta_x, \beta_y, \beta_z)$，$[\boldsymbol{\beta}^2] = \mathrm{diag}(\beta_x^2, \beta_y^2, \beta_z^2)$；$\boldsymbol{C}_{b_s}^n$ 为姿态矩阵：

$$
\boldsymbol{C}_{b_s}^n = \begin{bmatrix} T_{11} & T_{12} & T_{13} \\ T_{21} & T_{22} & T_{23} \\ T_{31} & T_{32} & T_{33} \end{bmatrix}
$$

经推导可得姿态传递对准的系统状态空间模型为

$$
\dot{\boldsymbol{X}}_\theta = \begin{bmatrix}
-[\boldsymbol{\omega}_{in}^n \times] & -\boldsymbol{C}_{b_s}^n & \boldsymbol{0}_{3\times3} & \boldsymbol{0}_{3\times3} & \boldsymbol{0}_{3\times3} \\
\boldsymbol{0}_{3\times3} & \boldsymbol{0}_{3\times3} & \boldsymbol{0}_{3\times3} & \boldsymbol{0}_{3\times3} & \boldsymbol{0}_{3\times3} \\
\boldsymbol{0}_{3\times3} & \boldsymbol{0}_{3\times3} & \boldsymbol{0}_{3\times3} & \boldsymbol{0}_{3\times3} & \boldsymbol{0}_{3\times3} \\
\boldsymbol{0}_{3\times3} & \boldsymbol{0}_{3\times3} & \boldsymbol{0}_{3\times3} & \boldsymbol{0}_{3\times3} & \boldsymbol{I}_{3\times3} \\
\boldsymbol{0}_{3\times3} & \boldsymbol{0}_{3\times3} & \boldsymbol{0}_{3\times3} & -[\boldsymbol{\beta}^2] & -[\boldsymbol{\beta}]
\end{bmatrix} \boldsymbol{X}_\theta + \begin{bmatrix} -\boldsymbol{C}_{b_s}^n \boldsymbol{\varepsilon}_w^{b_s} \\ \boldsymbol{0}_{3\times1} \\ \boldsymbol{0}_{3\times1} \\ \boldsymbol{0}_{3\times1} \\ \boldsymbol{\eta} \end{bmatrix}
$$

其中

$$
-[\boldsymbol{\omega}_{in}^n \times] = \begin{bmatrix}
0 & \omega_{ie}\sin L + \dfrac{V_E \tan L}{R_N} & -\left(\omega_{ie}\cos L + \dfrac{V_E}{R_N}\right) \\[4mm]
-\left(\omega_{ie}\sin L + \dfrac{V_E \tan L}{R_N}\right) & 0 & -\dfrac{V_N}{R_M} \\[4mm]
\omega_{ie}\cos L + \dfrac{V_E}{R_N} & \dfrac{V_N}{R_M} & 0
\end{bmatrix}
$$

3.3.2 姿态匹配传递对准的量测方程

设机载主惯导的载机姿态矩阵为 $\hat{\boldsymbol{C}}_{b_m}^n$，弹载子惯导的弹体姿态矩阵为 $\hat{\boldsymbol{C}}_{b_s}^n$，则姿态匹配量测矩阵为

$$\boldsymbol{Z}_{\mathrm{DCM}} = \hat{\boldsymbol{C}}_{b_m}^n \hat{\boldsymbol{C}}_n^{b_s}$$

若由机载主惯导输出的载机姿态矩阵 $\boldsymbol{C}_{b_m}^n$ 确定的导航坐标系为 n 系，而由弹载子惯导输出的弹体姿态矩阵 $\hat{\boldsymbol{C}}_{b_s}^n$ 确定的导航坐标系为 n' 系，则有

$$\hat{\boldsymbol{C}}_{b_m}^n = \boldsymbol{C}_{b_m}^n$$

$$\hat{\boldsymbol{C}}_n^{b_s} = \boldsymbol{C}_n^{b_s} = \boldsymbol{C}_n^{b_s}\boldsymbol{C}_{n'}^n = \boldsymbol{C}_n^{b_s}[\boldsymbol{I} + (\boldsymbol{\varphi}^n \times)]$$

因此

$$\boldsymbol{Z}_{\mathrm{DCM}} = \boldsymbol{C}_{b_m}^n \boldsymbol{C}_n^{b_s}[\boldsymbol{I} + (\boldsymbol{\varphi}^n \times)]$$

由于

$$\boldsymbol{C}_{b_m}^n = \boldsymbol{C}_{b_f}^n \boldsymbol{C}_{b_m}^{b_f}, \quad \boldsymbol{C}_n^{b_s} = \boldsymbol{C}_{b_f}^{b_s} \boldsymbol{C}_n^{b_f}$$

则

$$
\begin{aligned}
\boldsymbol{Z}_{\mathrm{DCM}} &= \boldsymbol{C}_{b_m}^n \boldsymbol{C}_n^{b_s}[\boldsymbol{I} + (\boldsymbol{\varphi}^n \times)] \\
&= \boldsymbol{C}_{b_f}^n \boldsymbol{C}_{b_m}^{b_f} \boldsymbol{C}_{b_f}^{b_s} \boldsymbol{C}_n^{b_f}[\boldsymbol{I} + (\boldsymbol{\varphi}^n \times)] \\
&= \boldsymbol{C}_{b_f}^n (\boldsymbol{I} - [(\boldsymbol{\lambda}_f^{b_m} + \boldsymbol{\lambda}_v^{b_m}) \times])[\boldsymbol{I} - (\boldsymbol{\mu}^{b_f} \times)] \boldsymbol{C}_n^{b_f}[\boldsymbol{I} + (\boldsymbol{\varphi}^n \times)] \\
&\approx \boldsymbol{I} + [(\boldsymbol{\varphi}^n - \boldsymbol{C}_{b_m}^n \boldsymbol{\mu}^{b_f} - \boldsymbol{C}_{b_m}^n \boldsymbol{\lambda}_f^{b_m}) \times] + [(-\boldsymbol{C}_{b_m}^n \boldsymbol{\lambda}_v^{b_m}) \times] \\
&= \begin{bmatrix} 1 & -Z_z & Z_y \\ Z_z & 1 & -Z_x \\ -Z_y & Z_x & 1 \end{bmatrix}
\end{aligned}
$$

式中，$\boldsymbol{\lambda}^{b_m} = \boldsymbol{\lambda}_f^{b_m} + \boldsymbol{\lambda}_v^{b_m}$，$\boldsymbol{\lambda}_f^{b_m}$ 为机翼挠曲变形角，$\boldsymbol{\lambda}_v^{b_m}$ 为机翼颤振变形角，且 $\boldsymbol{\lambda}_v^{b_m}$ 为白噪声；$\boldsymbol{\mu}^{b_f}$ 是常值向量，为弹体安装误差角。

取姿态量测向量为

$$\boldsymbol{Z}_{\theta} = \begin{bmatrix} Z_x \\ Z_y \\ Z_z \end{bmatrix} = \begin{bmatrix} \dfrac{\boldsymbol{Z}_{\mathrm{DCM}}(3,2) - \boldsymbol{Z}_{\mathrm{DCM}}(2,3)}{2} \\ \dfrac{\boldsymbol{Z}_{\mathrm{DCM}}(1,3) - \boldsymbol{Z}_{\mathrm{DCM}}(3,1)}{2} \\ \dfrac{\boldsymbol{Z}_{\mathrm{DCM}}(2,1) - \boldsymbol{Z}_{\mathrm{DCM}}(1,2)}{2} \end{bmatrix}$$

且有

$$\boldsymbol{Z}_{\theta} = \boldsymbol{\varphi}^n - \boldsymbol{C}_{b_m}^n \boldsymbol{\mu}^{b_f} - \boldsymbol{C}_{b_m}^n \boldsymbol{\lambda}_f^{b_m} + (- \boldsymbol{C}_{b_m}^n \boldsymbol{\lambda}_v^{b_m})$$

$$= \boldsymbol{\varphi}^n - \boldsymbol{C}_{b_m}^n \boldsymbol{\mu}^{b_f} - \boldsymbol{C}_{b_m}^n \boldsymbol{\lambda}_f^{b_m} + \boldsymbol{V}_{\theta}$$

式中，$\boldsymbol{V}_{\theta}$ 为姿态匹配量测噪声，且有

$$\boldsymbol{V}_{\theta} = - \boldsymbol{C}_{b_m}^n \boldsymbol{\lambda}_v^{b_m}$$

系统的量测方程为

$$\boldsymbol{Z}_{\theta} = \begin{bmatrix} \boldsymbol{I}_{3\times3} & \boldsymbol{0}_{3\times3} & - \boldsymbol{C}_{b_m}^n & - \boldsymbol{C}_{b_m}^n & \boldsymbol{0}_{3\times3} \end{bmatrix} \boldsymbol{X}_{\theta} + \boldsymbol{V}_{\theta}$$

3.4　角速度匹配传递对准

当机载主惯导为高精度捷联导航系统时，机载主惯导与弹载子惯导的陀螺仪感测到的量值都应该是机体相对惯性空间的角速度。理论上将弹载子惯导的陀螺仪漂移去除以后，机载主惯导的陀螺仪输出应该与弹载子惯导陀螺仪的输出相同。但是，实际上机载主惯导系统与弹载子惯导系统之间，不仅存在常值安装误差角，同时还存在由于机翼弹性变形等因素引起的主子惯导之间的姿态失准角。

角速度匹配就是将主惯导的高精度陀螺测量信息与子惯导陀螺测量信息之差作为观测量，通过卡尔曼滤波器对子惯导的弹体安装误差角及机翼挠曲变形角进行估计；在估计完成以后，再对姿态失准角进行修正[63-65]。

3.4.1　角速度匹配传递对准的状态方程

设角速度匹配传递对准的系统状态为

$$\boldsymbol{X}_\omega = \begin{bmatrix} \boldsymbol{\mu}^{b_f \mathrm{T}} & \boldsymbol{\lambda}_f^{b_m \mathrm{T}} & \boldsymbol{\omega}_f^{b_m \mathrm{T}} & \boldsymbol{\varepsilon}^{b_s \mathrm{T}} \end{bmatrix}^\mathrm{T}$$

其中,

$$\boldsymbol{\mu}^{b_f} = \begin{bmatrix} \mu_x^{b_f} & \mu_y^{b_f} & \mu_z^{b_f} \end{bmatrix}^\mathrm{T}$$

为弹体安装误差角; $\boldsymbol{\lambda}_f = \begin{bmatrix} \lambda_{fx} & \lambda_{fy} & \lambda_{fz} \end{bmatrix}^\mathrm{T}$ 为机翼挠曲变形角; $\boldsymbol{\omega}_f = \begin{bmatrix} \omega_{fx} & \omega_{fy} & \omega_{fz} \end{bmatrix}^\mathrm{T}$ 为机翼挠曲变形角速度; $\boldsymbol{\varepsilon}^{b_s} = \begin{bmatrix} \varepsilon_x^{b_s} & \varepsilon_y^{b_s} & \varepsilon_z^{b_s} \end{bmatrix}^\mathrm{T}$ 为子惯导陀螺的常值漂移。则角速度匹配传递对准系统的状态方程为

$$\begin{cases} \dot{\boldsymbol{\mu}}^{b_f} = \boldsymbol{0} \\ \dot{\boldsymbol{\lambda}}_f = \boldsymbol{\omega}_f \\ \dot{\boldsymbol{\omega}}_f = -\begin{bmatrix} \boldsymbol{\beta}^2 \end{bmatrix} \boldsymbol{\lambda}_f - \begin{bmatrix} \boldsymbol{\beta} \end{bmatrix} \boldsymbol{\omega}_f + \boldsymbol{\eta} \\ \dot{\boldsymbol{\varepsilon}}^{b_s} = \boldsymbol{0} \end{cases}$$

其中, $\boldsymbol{\eta} = \begin{bmatrix} \eta_x & \eta_y & \eta_z \end{bmatrix}^\mathrm{T}$ 为二阶挠曲白噪声驱动, $\boldsymbol{\eta}$ 为零均值均匀分布,即 $\eta_i \sim N(0, Q_i)$, $Q_i = 4\beta_i^3 \sigma_\eta^2$, σ_η^2 为三个弹性变形角的方差强度; $\begin{bmatrix} \boldsymbol{\beta} \end{bmatrix} = \mathrm{diag}(\beta_x, \beta_y, \beta_z)$, $\begin{bmatrix} \boldsymbol{\beta}^2 \end{bmatrix} = \mathrm{diag}(\beta_x^2, \beta_y^2, \beta_z^2)$。

经推导可得角速度传递对准的系统状态空间模型为

$$\dot{\boldsymbol{X}}_\omega = \begin{bmatrix} \boldsymbol{0}_{3\times3} & \boldsymbol{0}_{3\times3} & \boldsymbol{0}_{3\times3} & \boldsymbol{0}_{3\times3} \\ \boldsymbol{0}_{3\times3} & \boldsymbol{0}_{3\times3} & \boldsymbol{I}_{3\times3} & \boldsymbol{0}_{3\times3} \\ \boldsymbol{0}_{3\times3} & -\begin{bmatrix} \boldsymbol{\beta}^2 \end{bmatrix} & -\begin{bmatrix} \boldsymbol{\beta} \end{bmatrix} & \boldsymbol{0}_{3\times3} \\ \boldsymbol{0}_{3\times3} & \boldsymbol{0}_{3\times3} & \boldsymbol{0}_{3\times3} & \boldsymbol{0}_{3\times3} \end{bmatrix} \boldsymbol{X}_\omega + \begin{bmatrix} \boldsymbol{0}_{3\times1} \\ \boldsymbol{0}_{3\times1} \\ \boldsymbol{\eta} \\ \boldsymbol{0}_{3\times1} \end{bmatrix}$$

3.4.2　角速度匹配传递对准的量测方程

设主惯导陀螺量测到的载机角速度为 $\widetilde{\boldsymbol{\omega}}_{ib_m}^{b_m}$,子惯导陀螺量测到的弹体角速

度为 $\widetilde{\boldsymbol{\omega}}_{ib_s}^{b_s}$，已知的弹体安装矩阵为 $\boldsymbol{C}_{b_f}^{b_h}$。

若弹体绕纵轴相对水平位置转过 θ_s 角安装于机翼下方，则可知弹体的常值安装矩阵为

$$\boldsymbol{C}_{b_f}^{b_h} = (\boldsymbol{C}_{b_h}^{b_f})^{\mathrm{T}} = \begin{bmatrix} \cos\theta_s & 0 & \sin\theta_s \\ 0 & 1 & 0 \\ -\sin\theta_s & 0 & \cos\theta_s \end{bmatrix}$$

一般机载主惯导陀螺仪的精度都比机载子惯导陀螺仪精度的高 $2\sim3$ 个数量级，因此可以将机载主惯导陀螺输出的角速度视为载机角速度的真值。这时，机载主惯导陀螺仪与弹载子惯导陀螺仪的输出分别为

$$\widetilde{\boldsymbol{\omega}}_{ib_m}^{b_m} = \boldsymbol{\omega}_{ib_m}^{b_m}$$

$$\widetilde{\boldsymbol{\omega}}_{ib_s}^{b_s} = \boldsymbol{\omega}_{ib_s}^{b_s} + \boldsymbol{\varepsilon}_b^{b_s} + \boldsymbol{\varepsilon}_w^{b_s}$$

式中，$\boldsymbol{\omega}_{ib_s}^{b_s}$、$\boldsymbol{\omega}_{ib_m}^{b_m}$ 分别为弹体和载机角速度真值；$\boldsymbol{\varepsilon}_b^{b_s}$ 为子惯导陀螺常值漂移；$\boldsymbol{\varepsilon}_w^{b_s}$ 为子惯导陀螺量测白噪声。则角速度匹配的量测为

$$\boldsymbol{Z}_\omega = \boldsymbol{C}_{b_f}^{b_h} \widetilde{\boldsymbol{\omega}}_{ib_s}^{b_s} - \widetilde{\boldsymbol{\omega}}_{ib_m}^{b_m}$$

$$= \boldsymbol{C}_{b_f}^{b_h} (\boldsymbol{\omega}_{ib_s}^{b_s} + \boldsymbol{\varepsilon}_b^{b_s} + \boldsymbol{\varepsilon}_w^{b_s}) - \boldsymbol{\omega}_{ib_m}^{b_m}$$

$$= \boldsymbol{C}_{b_f}^{b_h} \boldsymbol{\omega}_{ib_s}^{b_s} - \boldsymbol{\omega}_{ib_m}^{b_m} + \boldsymbol{C}_{b_f}^{b_h} \boldsymbol{\varepsilon}_b^{b_s} + \boldsymbol{C}_{b_f}^{b_h} \boldsymbol{\varepsilon}_w^{b_s}$$

若弹体的安装误差角为 $\boldsymbol{\mu}^{b_f}$；机翼弹性变形角为 $\boldsymbol{\lambda}^{b_m} = \boldsymbol{\lambda}_f^{b_m} + \boldsymbol{\lambda}_v^{b_m}$，$\boldsymbol{\lambda}_f^{b_m}$ 为挠曲变形角，$\boldsymbol{\lambda}_v^{b_m}$ 为颤振变形角；机翼弹性变形角速度为 $\boldsymbol{\omega}_\lambda^{b_m} = \boldsymbol{\omega}_f^{b_m} + \boldsymbol{\omega}_v^{b_m}$，$\boldsymbol{\omega}_f^{b_m}$ 为挠曲变形角速度，$\boldsymbol{\omega}_v^{b_m}$ 为颤振变形角速度，则有

$$\boldsymbol{C}_{b_f}^{b_h} \boldsymbol{\omega}_{ib_s}^{b_s} = \boldsymbol{C}_{b_f}^{b_h} \boldsymbol{C}_{b_f}^{b_s} \boldsymbol{C}_{b_h}^{b_f} \boldsymbol{C}_{b_m}^{b_h} (\boldsymbol{\omega}_{ib_m}^{b_m} + \boldsymbol{\omega}_f^{b_m} + \boldsymbol{\omega}_v^{b_m})$$

$$= \boldsymbol{C}_{b_f}^{b_h} [\boldsymbol{I} - (\boldsymbol{\mu}^{b_f} \times)] \boldsymbol{C}_{b_h}^{b_f} \{\boldsymbol{I} - [(\boldsymbol{\lambda}_f^{b_m} + \boldsymbol{\lambda}_v^{b_m}) \times]\} (\boldsymbol{\omega}_{ib_m}^{b_m} + \boldsymbol{\omega}_f^{b_m} + \boldsymbol{\omega}_v^{b_m})$$

$$\approx \boldsymbol{\omega}_{ib_m}^{b_m} + \boldsymbol{\omega}_f^{b_m} + \boldsymbol{\omega}_v^{b_m} - \boldsymbol{C}_{b_f}^{b_h} (\boldsymbol{\mu}^{b_f} \times) \boldsymbol{C}_{b_h}^{b_f} \boldsymbol{\omega}_{ib_m}^{b_m} - \boldsymbol{\lambda}_f^{b_m} \times \boldsymbol{\omega}_{ib_m}^{b_m} - \boldsymbol{\lambda}_v^{b_m} \times \boldsymbol{\omega}_{ib_m}^{b_m}$$

可得

$$Z_\omega = -C_{b_f}^{b_h}(\boldsymbol{\mu}^{b_f}\times)C_{b_h}^{b_f}\boldsymbol{\omega}_{ib_m}^{b_m} + \boldsymbol{\omega}_{ib_m}^{b_m}\times\boldsymbol{\lambda}_f^{b_m} + \boldsymbol{\omega}_f^{b_m} + C_{b_f}^{b_h}\boldsymbol{\varepsilon}_b^{b_s}$$

$$+ C_{b_f}^{b_h}\boldsymbol{\varepsilon}_w^{b_s} + \boldsymbol{\omega}_v^{b_m} + \boldsymbol{\omega}_{ib_m}^{b_m}\times\boldsymbol{\lambda}_v^{b_m}$$

$$= \boldsymbol{\omega}_{ib_m}^{b_m}\times\boldsymbol{\mu}^{b_f} + \boldsymbol{\omega}_{ib_m}^{b_m}\times\boldsymbol{\lambda}_f^{b_m} + \boldsymbol{\omega}_f^{b_m} + C_{b_f}^{b_h}\boldsymbol{\varepsilon}_b^{b_s} + \boldsymbol{V}_\omega$$

式中，$\boldsymbol{V}_\omega$ 为角速度匹配量测噪声，且有

$$\boldsymbol{V}_\omega = C_{b_f}^{b_h}\boldsymbol{\varepsilon}_w^{b_s} + \boldsymbol{\omega}_v^{b_m} + \boldsymbol{\omega}_{ib_m}^{b_m}\times\boldsymbol{\lambda}_v^{b_m}$$

系统的量测方程为

$$\boldsymbol{Z}_\omega = [\boldsymbol{\omega}_{ib_m}^{b_m}\times \quad \boldsymbol{\omega}_{ib_m}^{b_m}\times \quad I_{3\times3}C_{b_f}^{b_h}]\boldsymbol{X}_\omega + \boldsymbol{V}_\omega$$

3.5 速度＋姿态匹配传递对准

速度匹配传递对准在估计航向误差时，必须在横侧向平面内进行辅助机动（如右盘旋）；姿态匹配传递对准在估计航向误差时，需要载机的俯仰轴或横滚轴方向有角速度输出（如摇翼）。在摇翼机动下，速度匹配传递对准无法将航向平台失准角分离出来，而姿态匹配传递对准在该机动条件下无法将北向平台失准角分离出来。基于速度匹配与姿态匹配方案的优缺点互补关系，可以采用速度＋姿态匹配的快速传递对准方案[66-68]。

在速度＋姿态匹配对准方案中，速度匹配实现水平姿态对准，姿态匹配实现航向对准，机动要求为摇翼。

3.5.1 速度＋姿态匹配传递对准的状态方程

设速度＋姿态匹配传递对准的系统状态为

$$\boldsymbol{X} = [\boldsymbol{\varphi}^{n\mathrm{T}} \quad \delta\boldsymbol{V}_e^{n\mathrm{T}} \quad \boldsymbol{\varepsilon}^{b_s,\mathrm{T}} \quad \nabla^{b_s,\mathrm{T}} \quad \boldsymbol{\mu}^{\mathrm{T}} \quad \boldsymbol{\lambda}_f^{\mathrm{T}} \quad \boldsymbol{\omega}_f^{\mathrm{T}}]^{\mathrm{T}}$$

其中，$\boldsymbol{\varphi}^n = [\varphi_x \quad \varphi_y \quad \varphi_z]^{\mathrm{T}}$ 为子惯导平台失准角；$\delta\boldsymbol{V}_e^n = [\delta V_{ex}^n \quad \delta V_{ey}^n \quad \delta V_{ez}^n]^{\mathrm{T}}$ 为子惯导速度误差；$\boldsymbol{\varepsilon}^{b_s} = [\varepsilon_x^{b_s} \quad \varepsilon_y^{b_s} \quad \varepsilon_z^{b_s}]^{\mathrm{T}}$ 为子惯导陀螺的常值漂移；$\boldsymbol{\mu} = [\mu_x \quad \mu_y \quad \mu_z]^{\mathrm{T}}$ 为弹体安装误差角；$\nabla^{b_s} = [\nabla_x^{b_s} \quad \nabla_y^{b_s} \quad \nabla_z^{b_s}]^{\mathrm{T}}$ 为子惯导加速度

计的常值偏置误差；$\boldsymbol{\lambda}_f = \begin{bmatrix} \lambda_{fx} & \lambda_{fy} & \lambda_{fz} \end{bmatrix}^{\mathrm{T}}$ 为机翼挠曲变形角，$\boldsymbol{\omega}_f = \begin{bmatrix} \omega_{fx} & \omega_{fy} & \omega_{fz} \end{bmatrix}^{\mathrm{T}}$ 为机翼挠曲变形角速度。则速度＋姿态匹配传递对准系统的状态方程为

$$
\begin{cases}
\dot{\boldsymbol{\varphi}}^n = -\boldsymbol{\omega}_{in}^n \times \boldsymbol{\varphi}^n - \boldsymbol{C}_{b_s}^n \boldsymbol{\varepsilon}_b^{b_s} - \boldsymbol{C}_{b_s}^n \boldsymbol{\varepsilon}_w^{b_s} \\[2mm]
\dot{\delta \boldsymbol{V}}^n = (\boldsymbol{C}_{b_s}^n \boldsymbol{f}^{b_s}) \times \boldsymbol{\varphi} - (2\boldsymbol{\omega}_{ie}^n + \boldsymbol{\omega}_{en}^n) \times \delta \boldsymbol{V}^n + \boldsymbol{C}_{b_s}^n \nabla_b^{b_s} + \boldsymbol{C}_{b_s}^n \nabla_w^{b_s} \\[2mm]
\dot{\boldsymbol{\varepsilon}}^{b_s} = \boldsymbol{0} \\[2mm]
\dot{\nabla}^{b_s} = \boldsymbol{0} \\[2mm]
\dot{\boldsymbol{\mu}}^{b_f} = \boldsymbol{0} \\[2mm]
\dot{\boldsymbol{\lambda}}_f = \boldsymbol{\omega}_f \\[2mm]
\dot{\boldsymbol{\omega}}_f = -[\boldsymbol{\beta}^2] \boldsymbol{\lambda}_f - [\boldsymbol{\beta}] \boldsymbol{\omega}_f + \boldsymbol{\eta}
\end{cases}
\tag{3.1}
$$

式中，$\boldsymbol{C}_{b_s}^n$ 为子惯导的姿态矩阵：

$$
\boldsymbol{C}_{b_s}^n = \begin{bmatrix} T_{11} & T_{12} & T_{13} \\ T_{21} & T_{22} & T_{23} \\ T_{31} & T_{32} & T_{33} \end{bmatrix}
$$

$\boldsymbol{\varepsilon}_w^{b_s}$ 为陀螺量测高斯白噪声；$\nabla_w^{b_s}$ 为加速度计量测高斯白噪声，$\boldsymbol{\eta} = \begin{bmatrix} \eta_x & \eta_y & \eta_z \end{bmatrix}^{\mathrm{T}}$ 为二阶挠曲白噪声驱动；$[\boldsymbol{\beta}] = \mathrm{diag}(\beta_x, \beta_y, \beta_z)$，$[\boldsymbol{\beta}^2] = \mathrm{diag}(\beta_x^2, \beta_y^2, \beta_z^2)$。

经推导可得速度＋姿态匹配传递对准的系统状态空间模型为

$$
\dot{\boldsymbol{X}} = \begin{bmatrix}
-[\boldsymbol{\omega}_{in}^n \times] & \boldsymbol{0}_{3\times3} & -\boldsymbol{C}_{b_s}^n & \boldsymbol{0}_{3\times3} & \boldsymbol{0}_{3\times3} & \boldsymbol{0}_{3\times3} & \boldsymbol{0}_{3\times3} \\
[\boldsymbol{C}_{b_s}^n \boldsymbol{f}^{b_s} \times] & -[(2\boldsymbol{\omega}_{ie}^n + \boldsymbol{\omega}_{en}^n) \times] & \boldsymbol{0}_{3\times3} & \boldsymbol{C}_{b_s}^n & \boldsymbol{0}_{3\times3} & \boldsymbol{0}_{3\times3} & \boldsymbol{0}_{3\times3} \\
\boldsymbol{0}_{3\times3} & \boldsymbol{0}_{3\times3} & \boldsymbol{0}_{3\times3} & \boldsymbol{0}_{3\times3} & \boldsymbol{0}_{3\times3} & \boldsymbol{0}_{3\times3} & \boldsymbol{0}_{3\times3} \\
\boldsymbol{0}_{3\times3} & \boldsymbol{0}_{3\times3} & \boldsymbol{0}_{3\times3} & \boldsymbol{0}_{3\times3} & \boldsymbol{0}_{3\times3} & \boldsymbol{0}_{3\times3} & \boldsymbol{0}_{3\times3} \\
\boldsymbol{0}_{3\times3} & \boldsymbol{0}_{3\times3} & \boldsymbol{0}_{3\times3} & \boldsymbol{0}_{3\times3} & \boldsymbol{0}_{3\times3} & \boldsymbol{0}_{3\times3} & \boldsymbol{0}_{3\times3} \\
\boldsymbol{0}_{3\times3} & \boldsymbol{0}_{3\times3} & \boldsymbol{0}_{3\times3} & \boldsymbol{0}_{3\times3} & \boldsymbol{0}_{3\times3} & \boldsymbol{0}_{3\times3} & \boldsymbol{I}_{3\times3} \\
\boldsymbol{0}_{3\times3} & \boldsymbol{0}_{3\times3} & \boldsymbol{0}_{3\times3} & \boldsymbol{0}_{3\times3} & \boldsymbol{0}_{3\times3} & -[\boldsymbol{\beta}^2] & -[\boldsymbol{\beta}]
\end{bmatrix} \boldsymbol{X} + \begin{bmatrix} -\boldsymbol{C}_{b_s}^n \boldsymbol{\varepsilon}_w^{b_s} \\ \boldsymbol{C}_{b_s}^n \nabla_w^{b_s} \\ \boldsymbol{0}_{3\times3} \\ \boldsymbol{0}_{3\times3} \\ \boldsymbol{0}_{3\times3} \\ \boldsymbol{0}_{3\times3} \\ \boldsymbol{\eta} \end{bmatrix}
$$

其中，

$$\left[\boldsymbol{C}_{b_s}^n \boldsymbol{f}^{b_s} \times\right] = \begin{bmatrix} 0 & -f_U^n & f_N^n \\ f_U^n & 0 & -f_E^n \\ -f_N^n & f_E^n & 0 \end{bmatrix}$$

$$\left[(2\boldsymbol{\omega}_{ie}^n + \boldsymbol{\omega}_{en}^n) \times\right]$$

$$= \begin{bmatrix} 0 & -\left(2\omega_{ie}\sin L + \dfrac{V_E \tan L}{R_N}\right) & 2\omega_{ie}\cos L + \dfrac{V_E}{R_N} \\[3mm] 2\omega_{ie}\sin L + \dfrac{V_E \tan L}{R_N} & 0 & \dfrac{V_N}{R_M} \\[3mm] -\left(2\omega_{ie}\cos L + \dfrac{V_E}{R_N}\right) & -\dfrac{V_N}{R_M} & 0 \end{bmatrix}$$

3.5.2 速度＋姿态匹配传递对准的量测方程

设主惯导输出的载机地速为 $\hat{\boldsymbol{V}}_{em}^n$，子惯导输出的弹体地速为 $\hat{\boldsymbol{V}}_{es}^n$，由主惯导输出计算得到的杆臂速度为 $\hat{\boldsymbol{V}}_{LA}^n$，主惯导输出的载机姿态矩阵为 $\hat{\boldsymbol{C}}_{b_m}^n$，子惯导输出的弹体姿态矩阵为 $\hat{\boldsymbol{C}}_{b_s}^n$，已知的弹体安装坐标系（$b_f$ 系）与弹体水平坐标系（b_h 系）之间的变换矩阵为 $\boldsymbol{C}_{b_f}^{b_h}$（即弹体安装矩阵）。

速度＋姿态匹配采用主惯导与子惯导速度误差作为速度量测，姿态量测采用姿态矩阵作为匹配量。量测量选取：

$$\boldsymbol{Z} = \begin{bmatrix} \boldsymbol{Z}_V \\ \boldsymbol{Z}_\theta \end{bmatrix}$$

其中

$$\boldsymbol{Z}_V = \hat{\boldsymbol{V}}_{es}^n - (\hat{\boldsymbol{V}}_{em}^n + \hat{\boldsymbol{V}}_{LA}^n), \quad \boldsymbol{Z}_\theta = \begin{bmatrix} \dfrac{\boldsymbol{Z}_{\mathrm{DCM}}(3,2) - \boldsymbol{Z}_{\mathrm{DCM}}(2,3)}{2} \\[3mm] \dfrac{\boldsymbol{Z}_{\mathrm{DCM}}(1,3) - \boldsymbol{Z}_{\mathrm{DCM}}(3,1)}{2} \\[3mm] \dfrac{\boldsymbol{Z}_{\mathrm{DCM}}(2,1) - \boldsymbol{Z}_{\mathrm{DCM}}(1,2)}{2} \end{bmatrix}$$

式中，$\boldsymbol{Z}_{\mathrm{DCM}}=\hat{\boldsymbol{C}}_{b_m}^n \boldsymbol{C}_{b_f}^{b_h} \hat{\boldsymbol{C}}_n^{b_s}=[\boldsymbol{I}-(\boldsymbol{\varphi}_m^n\times)]\boldsymbol{C}_{b_m}^n \boldsymbol{C}_{b_f}^{b_h} \boldsymbol{C}_n^{b_s}[\boldsymbol{I}+(\boldsymbol{\varphi}^n\times)]$，$\boldsymbol{\varphi}_m^n$ 为主惯导的姿态误差角，可视为白噪声；$\boldsymbol{\varphi}^n$ 为子惯导的姿态误差角。

系统的量测方程为

$$\boldsymbol{Z}=\begin{bmatrix} \boldsymbol{0}_{3\times3} & \boldsymbol{I}_{3\times3} & \boldsymbol{0}_{3\times3} & \boldsymbol{0}_{3\times3} & \boldsymbol{0}_{3\times3} & \boldsymbol{0}_{3\times3} & \boldsymbol{0}_{3\times3} \\ \boldsymbol{I}_{3\times3} & \boldsymbol{0}_{3\times3} & \boldsymbol{0}_{3\times3} & \boldsymbol{0}_{3\times3} & -\boldsymbol{C}_{b_m}^n \boldsymbol{C}_{b_f}^{b_h} & -\boldsymbol{C}_{b_m}^n & \boldsymbol{0}_{3\times3} \end{bmatrix}\boldsymbol{X}+\begin{bmatrix}\boldsymbol{V}_V \\ \boldsymbol{V}_\theta\end{bmatrix} \quad(3.2)$$

其中，$\boldsymbol{V}_V$ 为零均值高斯白噪声；$\boldsymbol{V}_\theta$ 为未知的量测噪声信号。

3.6　速度＋角速度匹配传递对准

在速度＋角速度匹配对准方案中，速度匹配实现水平姿态对准，角速度匹配实现航向对准，机动要求为摇翼[49,50,69-72]。

取速度＋角速度匹配传递对准状态方程为公式(3.1)，则其量测方程为

$$\boldsymbol{Z}=\begin{bmatrix}\boldsymbol{Z}_V \\ \boldsymbol{Z}_\omega\end{bmatrix}$$

其中

$$\boldsymbol{Z}_V=\delta\boldsymbol{V}_e^n+\boldsymbol{V}_V, \quad \boldsymbol{Z}_\omega=[\boldsymbol{\omega}_{ib_m}^{b_m}\times](\boldsymbol{C}_{b_m}^n)^{-1}\boldsymbol{\varphi}^n+\boldsymbol{\omega}_{ib_m}^{b_m}\times\boldsymbol{\lambda}_f^{b_m}+\boldsymbol{\omega}_f^{b_m}+\boldsymbol{C}_{b_f}^{b_h}\boldsymbol{\varepsilon}_w^{b_s}+\boldsymbol{V}_\omega$$

其中，$\boldsymbol{C}_{b_m}^n$ 为主惯导输出的载机姿态矩阵；$\boldsymbol{C}_{b_f}^{b_h}$ 为弹体安装矩阵；$\boldsymbol{\lambda}_f^{b_m}$ 为挠曲变形角向量，$\boldsymbol{\omega}_f^{b_m}$ 为挠曲变形角速度向量；$\boldsymbol{V}_V$ 为速度匹配量测噪声向量，且有 $\boldsymbol{V}_V=-(\delta\boldsymbol{V}_{em}^n+\delta\boldsymbol{V}_L^n-\boldsymbol{V}_f^n-\boldsymbol{V}_v^n)$；$\boldsymbol{V}_\omega$ 为角速度匹配量测噪声向量，且有 $\boldsymbol{V}_\omega=\boldsymbol{C}_{b_f}^{b_h}\boldsymbol{\varepsilon}_w^{b_s}+\boldsymbol{\omega}_v^{b_m}+\boldsymbol{\omega}_{ib_m}^{b_m}\times\boldsymbol{\lambda}_v^{b_m}$

系统的量测方程为

$$\boldsymbol{Z}=\begin{bmatrix} \boldsymbol{0}_{3\times3} & \boldsymbol{I}_{3\times3} & \boldsymbol{0}_{3\times3} & \boldsymbol{0}_{3\times3} & \boldsymbol{0}_{3\times3} & \boldsymbol{0}_{3\times3} & \boldsymbol{0}_{3\times3} \\ \boldsymbol{\omega}_{ib_m}^{b_m}\times(\boldsymbol{C}_{b_m}^n)^{-1} & \boldsymbol{0}_{3\times3} & \boldsymbol{C}_{b_f}^{b_h} & \boldsymbol{0}_{3\times3} & \boldsymbol{0}_{3\times3} & \boldsymbol{\omega}_{ib_m}^{b_m}\times & \boldsymbol{I}_{3\times3} \end{bmatrix}\boldsymbol{X}+\begin{bmatrix}\boldsymbol{V}_V \\ \boldsymbol{V}_\omega\end{bmatrix}$$

3.7 传递对准匹配方法优劣性比较

基于计算参数匹配法和测量参数匹配法的传递对准又可以组合成多种匹配方案，但各种方案又各有优缺点。通过对几种基本类型的传递对准方法进行算法编排，对各种匹配方案的对准精度及适用性进行比较。

（1）速度匹配传递对准方法是最为传统的一种匹配方式，在机载主惯导与弹载子惯导中，惯性仪表的缺陷和对准误差会引起速度误差的传播。因此，通过比较由主惯性导航系统与子惯性导航系统提供的速度误差值，能够获得对准误差的估计值，在某些情况下还可获得惯性敏感器漂移的估计值。

（2）速度匹配传递对准方法对载机机动的依赖性比较强，如果只是作摇翼机动，则无法估计出航向失准角。而姿态匹配传递对准与角速度匹配传递对准对机动的要求相对较弱，仅仅使用摇翼的机动就可以快速、有效地估计出航向失准角。

（3）姿态匹配传递对准对机翼挠曲变形较敏感，当机翼挠曲变形角变化范围增大时，姿态匹配传递对准的收敛速度和估计精度都会降低。此时需要对机翼挠曲变形进行建模，当机翼挠曲变形角较小时或对挠曲变形建模适当的情况下，姿态匹配传递对准比速度匹配传递对准的收敛速度快。

（4）速度匹配传递对准几乎不受机翼挠曲变形的影响，而姿态匹配传递对准与角速度匹配传递对准受机翼挠曲变形的影响比较大，在进行姿态匹配传递对准与角速度匹配传递对准时，必须考虑挠曲变形对对准精度的影响。从理论上来讲，可以对挠曲运动建立模型，以分辨出由挠曲引起的测量值的差带来的对准误差，但在实际应用中几乎没有适用于这种挠曲运动的模型。

（5）由于角速度匹配传递对准是测量参数匹配法，而姿态匹配传递对准是计算参数匹配法，计算参数匹配法产生足够大的观测量差值的过程需要一定的时间，而测量参数匹配法直接使用惯性元器件的测量值作为观测量，因此姿态匹配传递对准的收敛速度低于角速度匹配传递对准。

（6）角速度匹配传递对准受仪表误差和系统噪音的影响，其对准精度低于姿态匹配传递对准。

（7）速度＋角速度匹配法中的航向失准角精度低于速度＋姿态匹配传递对准的此精度，主要原因是速度＋角速度匹配中的角速度匹配传递对准中，系统噪声直接使惯性元件对其敏感，因此主系统与子系统仪表误差和系统噪声会直接反映在系统量测值中，导致对准精度下降。

第4章 H_∞ 次优滤波方法在传递对准中的应用

目前，卡尔曼滤波器被用于多种传递对准的方法中，卡尔曼滤波器的本质是将失准角及惯性仪表的误差作为状态变量，通过最优估计的方法将其估计出来，从而减小失准角及惯性仪表的误差。状态估计的精度和速度决定着系统传递对准的精度和速度，而估计的精度和速度又由系统的可观测性所决定，所以传递对准的速度和精度在很大程度上由系统的可观测性所决定。对可观测的状态变量，卡尔曼滤波会收敛，能将这些状态变量估计出来；而对不可观测的状态变量，卡尔曼滤波器是无法将其估计出来的。20 世纪 90 年代后，一种具有代表性的鲁棒滤波方法——H_∞滤波理论，成为鲁棒估计领域的研究热点之一。针对具有不确定性外部干扰的系统，H_∞滤波器的设计思想是：将外部干扰信号到估计误差信号的 H_∞ 范数达到最小作为性能指标，从而推导出一套算法，对系统状态进行最优估计。针对外部干扰的变化，H_∞滤波器的鲁棒性能保证其在最坏的可能情况下的可用性，同时对干扰信号的分布规律和统计特性不做任何假设[44]。

4.1 H_∞次优滤波的基本原理

传统的卡尔曼滤波在进行滤波以前，要确切知道干扰信号的统计特性以及系统的动力学模型。但是在实际的工程应用中，由于干扰信号是随机信号，因此很难得到干扰信号精确的统计特性，而且很多情况下系统模型本身还存在一定范围的变化。H_∞滤波针对干扰信号的不确定性与系统模型的不确定性，构建滤波器使得从干扰输入到滤波输出的 H_∞ 范数最小化[73,74]。

4.1.1　数学基础知识

设线性离散系统的系统方程与量测方程为

$$\begin{cases} \boldsymbol{X}_k = \boldsymbol{\Phi}_{k,k-1}\boldsymbol{X}_{k-1} + \boldsymbol{\Gamma}_{k-1}\boldsymbol{W}_{k-1} \\ \boldsymbol{Z}_k = \boldsymbol{H}_k\boldsymbol{X}_k + \boldsymbol{V}_k \end{cases} \tag{4.1}$$

其中，$\boldsymbol{X}_k$ 是被估计状态；$\boldsymbol{Z}_k$ 是系统量测量；$\boldsymbol{\Phi}_{k,k-1}$ 是 t_{k-1} 时刻到 t_k 时刻的一步转移矩阵；$\boldsymbol{\Gamma}_{k-1}$ 是系统干扰输入矩阵；$\boldsymbol{W}_{k-1}$ 是系统激励噪声序列；$\boldsymbol{H}_k$ 是量测矩阵；$\boldsymbol{V}_k$ 是量测噪声序列。

通常情况下，需要利用量测向量对系统状态向量的线性组合进行估计，即对下式中的 $\boldsymbol{S}_k$ 进行估计：

$$\boldsymbol{S}_k = \boldsymbol{L}_k\boldsymbol{X}_k \tag{4.2}$$

其中，$\boldsymbol{L}_k$ 是给定的状态向量线性变换矩阵。

假设 $\hat{\boldsymbol{S}}_{k/k} = \boldsymbol{F}(\boldsymbol{Z}_0, \boldsymbol{Z}_1, \boldsymbol{Z}_2, \cdots, \boldsymbol{Z}_k)$ 为利用从 0 时刻到 k 时刻的量测向量对 $\boldsymbol{S}_k$ 的估计。那么估计误差 $\tilde{\boldsymbol{S}}_k$ 就可以描述为

$$\tilde{\boldsymbol{S}}_k = \hat{\boldsymbol{S}}_{k/k} - \boldsymbol{L}_k\boldsymbol{X}_k \tag{4.3}$$

$\boldsymbol{T}_k(\boldsymbol{F})$ 表示初始状态误差($\boldsymbol{X}_0 - \hat{\boldsymbol{X}}_0$)、未知干扰信号序列 $\{\boldsymbol{W}_i\}_{i=0}^{k}$ 和 $\{\boldsymbol{V}_i\}_{i=0}^{k}$ 到滤波误差 $\tilde{\boldsymbol{S}}_k$ 的传递函数矩阵，$\boldsymbol{P}_0$ 为反映 $\boldsymbol{X}_0$ 的初始假设 $\hat{\boldsymbol{X}}_0$ 与真实值 $\boldsymbol{X}_0$ 接近程度的正定矩阵。从未知干扰信号序列到滤波误差输出如图 4-1 所示。

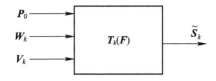

图 4-1　从未知干扰信号序列到滤波误差输出图

H_∞ 最优滤波是寻找最优 H_∞ 估计 $\hat{\boldsymbol{S}}_{k/k} = \boldsymbol{F}_f(\boldsymbol{Z}_0, \boldsymbol{Z}_1, \boldsymbol{Z}_2, \cdots, \boldsymbol{Z}_k)$，使得 $\parallel \boldsymbol{T}_k(\boldsymbol{F}) \parallel_\infty$ 最小。即

$$
\begin{aligned}
\gamma_0^2 &= \inf_{\boldsymbol{F}_f} \parallel \boldsymbol{T}_k(\boldsymbol{F}) \parallel_\infty^2 \\
&= \inf_{\boldsymbol{F}_f} \sup_{\boldsymbol{X}_0, \boldsymbol{W}, \boldsymbol{V} \in h_2} \frac{\displaystyle\sum_{i=0}^{k} |\widetilde{\boldsymbol{S}}_{i/i}|^2}{(\boldsymbol{X}_0 - \hat{\boldsymbol{X}}_0)^{\mathrm{T}} \boldsymbol{P}_0^{-1} (\boldsymbol{X}_0 - \hat{\boldsymbol{X}}_0) + \displaystyle\sum_{i=0}^{k} |\boldsymbol{W}_i|^2 + \displaystyle\sum_{i=0}^{k} |\boldsymbol{V}_i|^2}
\end{aligned}
$$

$$(4.4)$$

以上定义 H_∞ 最优滤波器保证了对所有具有确定能量的可能干扰输入，估计误差能量增益最小。所以这种估计器对于干扰信号的变化具有较好的鲁棒性能。

由于 H_∞ 最优滤波问题的解只有对某些特殊问题才可获得，因此通常只寻求能够被接受的次优解。

H_∞ 次优滤波是给定一个常数 $\gamma > 0$，寻求 H_∞ 次优估计 $\hat{\boldsymbol{S}}_{k/k} = \boldsymbol{F}_f(\boldsymbol{Z}_0, \boldsymbol{Z}_1, \boldsymbol{Z}_2, \cdots, \boldsymbol{Z}_k)$，使得 $\parallel \boldsymbol{T}_k(\boldsymbol{F}) \parallel_\infty < \gamma$ 成立。即

$$
\sup_{\boldsymbol{X}_0, \boldsymbol{W}, \boldsymbol{V} \in h_2} \frac{\displaystyle\sum_{i=0}^{k} |\widetilde{\boldsymbol{S}}_{i/i}|^2}{(\boldsymbol{X}_0 - \hat{\boldsymbol{X}}_0)^{\mathrm{T}} \boldsymbol{P}_0^{-1} (\boldsymbol{X}_0 - \hat{\boldsymbol{X}}_0) + \displaystyle\sum_{i=0}^{k} |\boldsymbol{W}_i|^2 + \displaystyle\sum_{i=0}^{k} |\boldsymbol{V}_i|^2} < \gamma^2 \quad (4.5)
$$

其中，$\boldsymbol{X}_0$ 为系统初始状态；$\hat{\boldsymbol{X}}_0$ 为对系统初始状态 $\boldsymbol{X}_0$ 的一个估计；$\boldsymbol{P}_0$ 为初始估计误差方阵，$\boldsymbol{P}_0 = E\{[\boldsymbol{X}_0 - \hat{\boldsymbol{X}}_0][\boldsymbol{X}_0 - \hat{\boldsymbol{X}}_0]^{\mathrm{T}}\}$。

针对式(4.1)所描述系统，对于给定的常数 $\gamma > 0$，如果矩阵 $[\boldsymbol{\Phi}_k \quad \boldsymbol{\Gamma}_k]$ 行满秩，则式(4.5)所述的 H_∞ 次优滤波问题有解的充分必要条件为

$$
\boldsymbol{P}_k^{-1} + \boldsymbol{H}_k^{\mathrm{T}} \boldsymbol{H}_k - \gamma^{-2} \boldsymbol{L}_k^{\mathrm{T}} \boldsymbol{L}_k > 0
$$

且 H_∞ 次优滤波问题的解为

$$
\begin{cases}
\boldsymbol{R}_{e,k} = \begin{bmatrix} \boldsymbol{I} & \boldsymbol{0} \\ \boldsymbol{0} & -\gamma^2\boldsymbol{I} \end{bmatrix} + \begin{bmatrix} \boldsymbol{H}_k \\ \boldsymbol{L}_k \end{bmatrix} \boldsymbol{P}_k \begin{bmatrix} \boldsymbol{H}_k^{\mathrm{T}} & \boldsymbol{L}_k^{\mathrm{T}} \end{bmatrix} \\[4mm]
\boldsymbol{P}_{k+1} = \boldsymbol{\Phi}_k\boldsymbol{P}_k\boldsymbol{\Phi}_k^{\mathrm{T}} + \boldsymbol{\Gamma}_k\boldsymbol{\Gamma}_k^{\mathrm{T}} - \boldsymbol{\Phi}_k\boldsymbol{P}_k\begin{bmatrix} \boldsymbol{H}_k^{\mathrm{T}} & \boldsymbol{L}_k^{\mathrm{T}} \end{bmatrix}\boldsymbol{R}_{e,k}^{-1}\begin{bmatrix} \boldsymbol{H}_k \\ \boldsymbol{L}_k \end{bmatrix}\boldsymbol{P}_k\boldsymbol{\Phi}_k^{\mathrm{T}} \\[4mm]
\boldsymbol{K}_{k+1} = \boldsymbol{P}_{k+1}\boldsymbol{H}_{k+1}^{\mathrm{T}}(\boldsymbol{I} + \boldsymbol{H}_{k+1}\boldsymbol{P}_{k+1}\boldsymbol{H}_{k+1}^{\mathrm{T}})^{-1} \\[4mm]
\hat{\boldsymbol{X}}_{k+1} = \boldsymbol{\Phi}_k\hat{\boldsymbol{X}}_k + \boldsymbol{K}_{k+1}(\boldsymbol{Z}_{k+1} - \boldsymbol{H}_{k+1}\boldsymbol{\Phi}_k\hat{\boldsymbol{X}}_k)
\end{cases} \tag{4.6}
$$

式(4.6)即 H_∞ 次优滤波方程,初始值 $\hat{\boldsymbol{X}}_0$ 任意给定。

4.1.2　H_∞ 次优滤波器与标准卡尔曼滤波器的比较

H_∞ 次优滤波器必须满足 $\boldsymbol{P}_k^{-1} + \boldsymbol{H}_k^{\mathrm{T}}\boldsymbol{H}_k - \gamma^{-2}\boldsymbol{L}_k^{\mathrm{T}}\boldsymbol{L}_k > 0$ 才能够存在,同时在滤波公式中有线性组合系数 $\boldsymbol{L}_k$ 和矩阵 $\boldsymbol{R}_{e,k}$ 存在。而标准卡尔曼滤波器中并没有 $\boldsymbol{L}_k$,而且估计误差方阵 $\boldsymbol{P}_k$ 正定,所以并不需要刻意去满足什么条件。

标准卡尔曼滤波器是 H_∞ 次优滤波器的一个特例,当 $\gamma \to 0$ 时,H_∞ 次优滤波器就会简化为标准卡尔曼滤波器,其证明过程如下:

假设 γ 趋于无穷大,当 $\boldsymbol{L}_k = \boldsymbol{H}_k$ 时,有

$$
\begin{aligned}
\boldsymbol{R}_{e,k}^{-1} &= \left(\begin{bmatrix} \boldsymbol{I} & \boldsymbol{0} \\ \boldsymbol{0} & -\gamma^2\boldsymbol{I} \end{bmatrix} + \begin{bmatrix} \boldsymbol{H}_k \\ \boldsymbol{H}_k \end{bmatrix} \boldsymbol{P}_k \begin{bmatrix} \boldsymbol{H}_k^{\mathrm{T}} & \boldsymbol{H}_k^{\mathrm{T}} \end{bmatrix} \right)^{-1} \\
&= \begin{bmatrix} \boldsymbol{I} & \boldsymbol{0} \\ \boldsymbol{0} & \boldsymbol{0} \end{bmatrix} - \begin{bmatrix} \boldsymbol{H}_k \\ \boldsymbol{0} \end{bmatrix} (\boldsymbol{H}_k^{\mathrm{T}}\boldsymbol{H}_k + \boldsymbol{P}_k)^{-1} \begin{bmatrix} \boldsymbol{H}_k^{\mathrm{T}} & \boldsymbol{0} \end{bmatrix} \\
&= \boldsymbol{I} - \boldsymbol{H}_k(\boldsymbol{H}_k^{\mathrm{T}}\boldsymbol{H}_k + \boldsymbol{P}_k)^{-1}\boldsymbol{H}_k^{\mathrm{T}}
\end{aligned}
$$

经推导可得

$$
\boldsymbol{P}_{k+1} = \boldsymbol{\Phi}_k\boldsymbol{P}_k\boldsymbol{\Phi}_k^{\mathrm{T}} + \boldsymbol{\Gamma}_k\boldsymbol{\Gamma}_k^{\mathrm{T}} - \boldsymbol{\Phi}_k\boldsymbol{P}_k\begin{bmatrix} \boldsymbol{H}_k^{\mathrm{T}} & \boldsymbol{H}_k^{\mathrm{T}} \end{bmatrix}\boldsymbol{R}_{e,k}^{-1}\begin{bmatrix} \boldsymbol{H}_k \\ \boldsymbol{H}_k \end{bmatrix}\boldsymbol{P}_k\boldsymbol{\Phi}_k^{\mathrm{T}}
$$

$$
= \boldsymbol{\Phi}_k\boldsymbol{P}_k\boldsymbol{\Phi}_k^{\mathrm{T}} + \boldsymbol{\Gamma}_k\boldsymbol{\Gamma}_k^{\mathrm{T}} - \boldsymbol{\Phi}_k\boldsymbol{P}_k\begin{bmatrix} \boldsymbol{H}_k^{\mathrm{T}} & \boldsymbol{H}_k^{\mathrm{T}} \end{bmatrix}(\boldsymbol{I} - \boldsymbol{H}_k(\boldsymbol{H}_k^{\mathrm{T}}\boldsymbol{H}_k + \boldsymbol{P}_k)^{-1}\boldsymbol{H}_k^{\mathrm{T}})\begin{bmatrix} \boldsymbol{H}_k \\ \boldsymbol{H}_k \end{bmatrix}\boldsymbol{P}_k\boldsymbol{\Phi}_k^{\mathrm{T}}
$$

则 H_∞ 次优滤波方程可重写为

$$
\begin{cases}
\boldsymbol{P}_k = \boldsymbol{\Phi}_{k,k-1} \boldsymbol{P}_{k-1} \boldsymbol{\Phi}_{k,k-1}^{\mathrm{T}} + \boldsymbol{\Gamma}_k \boldsymbol{\Gamma}_k^{\mathrm{T}} \\
\boldsymbol{P}_{k+1} = (\boldsymbol{I} - \boldsymbol{K}_k \boldsymbol{H}_k) \boldsymbol{P}_k \\
\boldsymbol{K}_{k+1} = \boldsymbol{P}_{k+1} \boldsymbol{H}_{k+1}^{\mathrm{T}} (\boldsymbol{I} + \boldsymbol{H}_{k+1} \boldsymbol{P}_{k+1} \boldsymbol{H}_{k+1}^{\mathrm{T}})^{-1} \\
\hat{\boldsymbol{X}}_{k+1} = \boldsymbol{\Phi}_k \hat{\boldsymbol{X}}_k + \boldsymbol{K}_{k+1} (\boldsymbol{Z}_{k+1} - \boldsymbol{H}_{k+1} \boldsymbol{\Phi}_k \hat{\boldsymbol{X}}_k)
\end{cases}
$$

从上式可以看出，标准卡尔曼滤波算法是 H_∞ 次优滤波算法的一种特殊情况，当 γ 趋于无穷大时，H_∞ 次优滤波算法就会简化为标准卡尔曼滤波算法（此时将 $\boldsymbol{Q}$ 矩阵和 $\boldsymbol{R}$ 矩阵看做单位阵）。随着 γ 的不断增大，H_∞ 次优滤波的滤波精度会越来越接近于标准卡尔曼滤波，直至当 γ 趋于无穷大时，H_∞ 次优滤波的精度就等价于标准卡尔曼滤波的精度。在 γ 不断增大的过程中，可以得到状态的最小方差估计，即状态量的最优估计值，但此时鲁棒性会越来越差；随着 γ 的不断减小，此时 H_∞ 次优滤波对系统模型误差、初始状态误差以及噪声统计特性的变化越来越不敏感，鲁棒性逐渐增加，被估计状态的方差值也随之变大，估计精度也会逐渐降低。

H_∞ 次优滤波与标准卡尔曼滤波的不同点如下[74-79]：

（1）H_∞ 次优滤波算法依赖状态的线性组合 $\boldsymbol{L}_k \boldsymbol{X}_k$，而标准卡尔曼滤波算法对任意状态的线性估计是通过状态估计的线性组合给出的。

（2）H_∞ 次优滤波算法必须满足 $\boldsymbol{P}_k^{-1} + \boldsymbol{H}_k^{\mathrm{T}} \boldsymbol{H}_k - \gamma^{-2} \boldsymbol{L}_k^{\mathrm{T}} \boldsymbol{L}_k > 0$ 才能够存在，而标准卡尔曼滤波算法中并没有 $\boldsymbol{L}_k$，而且 $\boldsymbol{P}_k$ 正定，所以并不需要刻意地去满足什么条件。

（3）H_∞ 次优滤波器采用了不定协方差矩阵 $\begin{bmatrix} \boldsymbol{I} & \boldsymbol{0} \\ \boldsymbol{0} & -\gamma^2 \boldsymbol{I} \end{bmatrix}$，而标准卡尔曼滤波器中采用单位阵。

（4）标准卡尔曼滤波器是 H_∞ 次优滤波器的一个特例，当 $\gamma \to 0$ 时，H_∞ 次优滤波器就会简化为标准卡尔曼滤波器，这表示次优卡尔曼滤波器的 H_∞ 范数变得很大，其鲁棒性比较差。

4.2　H_∞ 次优滤波在速度＋姿态匹配传递对准中的应用

由于姿态匹配对机翼弹性变形比较敏感，因此在对机翼弹性变形进行精确建模以后，再进行速度＋姿态匹配传递对准。但是，在实际的应用中是无法对机翼弹性变形进行精确建模的。因此，希望在不考虑机翼弹性变形的情况下，得到速度＋姿态匹配传递对准的系统方程与量测方程，以期在不进行机翼弹性变形建模的情况下仍然能够保证速度＋姿态匹配传递对准的精度。

4.2.1　速度＋姿态匹配传递对准的状态方程

在不考虑机翼弹性变形的情况下，速度＋姿态匹配传递对准的系统方程变为

$$\begin{cases} \dot{\boldsymbol{\varphi}}^n = -\boldsymbol{\omega}_{in}^n \times \boldsymbol{\varphi}^n - \boldsymbol{C}_{b_s}^n \boldsymbol{\varepsilon}_b^{b_s} - \boldsymbol{C}_{b_s}^n \boldsymbol{\varepsilon}_w^{b_s} \\[2mm] \delta\dot{\boldsymbol{V}}^n = (\boldsymbol{C}_{b_s}^n f^{b_s}) \times \boldsymbol{\varphi} - (2\boldsymbol{\omega}_{ie}^n + \boldsymbol{\omega}_{en}^n) \times \delta\boldsymbol{V}^n + \boldsymbol{C}_{b_s}^n \nabla_b^{b_s} + \boldsymbol{C}_{b_s}^n \nabla_w^{b_s} \\[2mm] \dot{\boldsymbol{\varepsilon}}^{b_s} = \boldsymbol{0} \\[2mm] \dot{\nabla}^{b_s} = \boldsymbol{0} \\[2mm] \dot{\boldsymbol{\mu}}^{b_f} = \boldsymbol{0} \end{cases} \tag{4.7}$$

式中，$\boldsymbol{\varepsilon}_w^{b_s}$ 为陀螺仪量测高斯白噪声；$\nabla_w^{b_s}$ 为加速度计量测高斯白噪声。

经推导可得速度＋姿态匹配传递对准的次优系统状态空间模型为

$$\dot{\boldsymbol{X}} = \begin{bmatrix} -[\boldsymbol{\omega}_{in}^n \times] & \boldsymbol{0}_{3\times3} & -\boldsymbol{C}_{b_s}^n & \boldsymbol{0}_{3\times3} & \boldsymbol{0}_{3\times3} \\ (\boldsymbol{C}_{b_s}^n f^{b_s} \times) & -[(2\boldsymbol{\omega}_{ie}^n + \boldsymbol{\omega}_{en}^n) \times] & \boldsymbol{0}_{3\times3} & \boldsymbol{C}_{b_s}^n & \boldsymbol{0}_{3\times3} \\ \boldsymbol{0}_{3\times3} & \boldsymbol{0}_{3\times3} & \boldsymbol{0}_{3\times3} & \boldsymbol{0}_{3\times3} & \boldsymbol{0}_{3\times3} \\ \boldsymbol{0}_{3\times3} & \boldsymbol{0}_{3\times3} & \boldsymbol{0}_{3\times3} & \boldsymbol{0}_{3\times3} & \boldsymbol{0}_{3\times3} \\ \boldsymbol{0}_{3\times3} & \boldsymbol{0}_{3\times3} & \boldsymbol{0}_{3\times3} & \boldsymbol{0}_{3\times3} & \boldsymbol{0}_{3\times3} \end{bmatrix} \boldsymbol{X} + \begin{bmatrix} -\boldsymbol{C}_{b_s}^n \boldsymbol{\varepsilon}_w^{b_s} \\ \boldsymbol{C}_{b_s}^n \nabla_w^{b_s} \\ \boldsymbol{0}_{3\times1} \\ \boldsymbol{0}_{3\times1} \\ \boldsymbol{0}_{3\times1} \end{bmatrix}$$

其中，$\boldsymbol{X} = \begin{bmatrix} \boldsymbol{\varphi}^{n\mathrm{T}} & \delta\boldsymbol{V}_e^{n\mathrm{T}} & \boldsymbol{\varepsilon}^{b_s,\mathrm{T}} & \nabla^{b_s,\mathrm{T}} & \boldsymbol{\mu}^{\mathrm{T}} \end{bmatrix}^{\mathrm{T}}$，$\boldsymbol{\varphi}^n$、$\delta\boldsymbol{V}_e^n$、$\boldsymbol{\varepsilon}^{b_s}$、$\nabla^{b_s}$、$\boldsymbol{\mu}$ 与前一节的定义相同；

$$\boldsymbol{C}_{b_s}^n = \begin{bmatrix} T_{11} & T_{12} & T_{13} \\ T_{21} & T_{22} & T_{23} \\ T_{31} & T_{32} & T_{33} \end{bmatrix}$$

$$[\boldsymbol{C}_{b_s}^n \boldsymbol{f}^{b_s} \times] = \begin{bmatrix} 0 & -f_U^n & f_N^n \\ f_U^n & 0 & -f_E^n \\ -f_N^n & f_E^n & 0 \end{bmatrix}$$

$$[(2\boldsymbol{\omega}_{ie}^n + \boldsymbol{\omega}_{en}^n) \times]$$

$$= \begin{bmatrix} 0 & -\left(2\omega_{ie}\sin L + \dfrac{V_E}{R_N + h}\tan L\right) & 2\omega_{ie}\cos L + \dfrac{V_E}{R_N + h} \\ 2\omega_{ie}\sin L + \dfrac{V_E}{R_N + h}\tan L & 0 & \dfrac{V_N}{R_M + h} \\ -\left(2\omega_{ie}\cos L + \dfrac{V_E}{R_N + h}\right) & -\left(\dfrac{V_N}{R_M + h}\right) & 0 \end{bmatrix}$$

4.2.2　速度＋姿态匹配传递对准的量测方程

设主惯导输出的载机地速为 $\hat{\boldsymbol{V}}_{em}^n$，子惯导输出的弹体地速为 $\hat{\boldsymbol{V}}_{es}^n$，由主惯导输出计算得到的杆臂速度为 $\hat{\boldsymbol{V}}_{LA}^n$，主惯导输出的载机姿态矩阵为 $\hat{\boldsymbol{C}}_{b_m}^n$，子惯导输出的弹体姿态矩阵为 $\hat{\boldsymbol{C}}_{b_s}^n$，已知的弹体安装坐标系（$b_f$ 系）与弹体水平坐标系（b_h 系）之间的变换矩阵为 $\boldsymbol{C}_{b_f}^{b_h}$（即弹体安装矩阵）。采用主惯导与子惯导速度误差作为速度量测，姿态量测采用姿态矩阵作为匹配量。量测量选取：

$$\boldsymbol{Z} = \begin{bmatrix} \boldsymbol{Z}_V \\ \boldsymbol{Z}_\theta \end{bmatrix}$$

其中

$$\boldsymbol{Z}_V = \hat{\boldsymbol{V}}_{es}^n - (\hat{\boldsymbol{V}}_{em}^n + \hat{\boldsymbol{V}}_{LA}^n), \ \boldsymbol{Z}_\theta = \begin{bmatrix} \dfrac{\boldsymbol{Z}_{\mathrm{DCM}}(3,2) - \boldsymbol{Z}_{\mathrm{DCM}}(2,3)}{2} \\ \dfrac{\boldsymbol{Z}_{\mathrm{DCM}}(1,3) - \boldsymbol{Z}_{\mathrm{DCM}}(3,1)}{2} \\ \dfrac{\boldsymbol{Z}_{\mathrm{DCM}}(2,1) - \boldsymbol{Z}_{\mathrm{DCM}}(1,2)}{2} \end{bmatrix}$$

$$\boldsymbol{Z}_{\mathrm{DCM}} = \hat{\boldsymbol{C}}_{b_m}^n \boldsymbol{C}_{b_f}^{b_h} \hat{\boldsymbol{C}}_n^{b_s} = [\boldsymbol{I} - (\boldsymbol{\varphi}_m^n \times)] \boldsymbol{C}_{b_m}^n \boldsymbol{C}_{b_f}^{b_h} \boldsymbol{C}_n^{b_s} [\boldsymbol{I} + (\boldsymbol{\varphi}^n \times)]$$

$\boldsymbol{\varphi}_m^n$ 为主惯导的姿态误差角，可视为白噪声；$\boldsymbol{\varphi}^n$ 为子惯导的姿态误差角。

系统的量测方程为

$$\boldsymbol{Z} = \begin{bmatrix} \boldsymbol{0}_{3\times3} & \boldsymbol{I}_{3\times3} & \boldsymbol{0}_{3\times3} & \boldsymbol{0}_{3\times3} & \boldsymbol{0}_{3\times3} \\ \boldsymbol{I}_{3\times3} & \boldsymbol{0}_{3\times3} & \boldsymbol{0}_{3\times3} & \boldsymbol{0}_{3\times3} & -\boldsymbol{C}_{b_m}^n \boldsymbol{C}_{b_f}^{b_h} \end{bmatrix} \boldsymbol{X} + \begin{bmatrix} \boldsymbol{V}_V \\ \boldsymbol{V}_\theta \end{bmatrix} \tag{4.8}$$

其中，$\boldsymbol{V}_V$ 为零均值高斯白噪声；$\boldsymbol{V}_\theta$ 为未知的量测噪声信号。

4.3　H_∞ 次优滤波在速度＋角速度匹配传递对准中的应用

与速度＋姿态匹配传递对准类似[80]，在不考虑机翼弹性变形的情况下，得到速度＋角速度匹配传递对准的系统方程与量测方程，以期在不进行机翼弹性变形建模的情况下仍然能够保证速度＋角速度匹配传递对准的精度。

4.3.1　速度＋角速度匹配传递对准的状态方程

在不考虑机翼弹性变形的情况下，速度＋角速度匹配传递对准的系统方程变为

$$\begin{cases} \boldsymbol{\varphi}^n = -\boldsymbol{\omega}_{in}^n \times \boldsymbol{\varphi}^n - \boldsymbol{C}_{b_s}^n \boldsymbol{\varepsilon}_b^{b_s} - \boldsymbol{C}_{b_s}^n \boldsymbol{\varepsilon}_w^{b_s} \\ \boldsymbol{\delta V}^n = (\boldsymbol{C}_{b_s}^n \boldsymbol{f}^{b_s}) \times \boldsymbol{\varphi} - (2\boldsymbol{\omega}_{ie}^n + \boldsymbol{\omega}_{en}^n) \times \boldsymbol{\delta V}^n + \boldsymbol{C}_{b_s}^n \nabla_b^{b_s} + \boldsymbol{C}_{b_s}^n \nabla_w^{b_s} \\ \dot{\boldsymbol{\varepsilon}}^{b_s} = \boldsymbol{0} \\ \dot{\nabla}^{b_s} = \boldsymbol{0} \end{cases}$$

经推导可得速度＋姿态匹配传递对准的优化系统状态空间模型为

$$\dot{\boldsymbol{X}} = \begin{bmatrix} -[\boldsymbol{\omega}_{in}^{n} \times] & \boldsymbol{0}_{3\times 3} & -\boldsymbol{C}_{b_s}^{n} & \boldsymbol{0}_{3\times 3} \\ (\boldsymbol{C}_{b_s}^{n}\boldsymbol{f}^{b_s}\times) & -[(2\boldsymbol{\omega}_{ie}^{n}+\boldsymbol{\omega}_{en}^{n})\times] & \boldsymbol{0}_{3\times 3} & \boldsymbol{C}_{b_s}^{n} \\ \boldsymbol{0}_{3\times 3} & \boldsymbol{0}_{3\times 3} & \boldsymbol{0}_{3\times 3} & \boldsymbol{0}_{3\times 3} \\ \boldsymbol{0}_{3\times 3} & \boldsymbol{0}_{3\times 3} & \boldsymbol{0}_{3\times 3} & \boldsymbol{0}_{3\times 3} \end{bmatrix}\boldsymbol{X} + \begin{bmatrix} -\boldsymbol{C}_{b_s}^{n}\boldsymbol{\varepsilon}_{w}^{b_s} \\ \boldsymbol{C}_{b_s}^{n}\nabla_{w}^{b_s} \\ \boldsymbol{0}_{3\times 1} \\ \boldsymbol{0}_{3\times 1} \end{bmatrix}$$

其中，$\boldsymbol{X} = [\boldsymbol{\varphi}^{n\mathrm{T}} \quad \delta\boldsymbol{V}_e^{n\mathrm{T}} \quad \boldsymbol{\varepsilon}^{b_s\mathrm{T}} \quad \nabla^{b_s\mathrm{T}}]^{\mathrm{T}}$，$\boldsymbol{\varphi}^{n}$、$\delta\boldsymbol{V}_e^{n}$、$\boldsymbol{\varepsilon}^{b_s}$、$\nabla^{b_s}$ 的含义与前一节的定义相同。

4.3.2　速度＋角速度匹配传递对准的量测方程

取速度＋角速度匹配传递对准状态方程为公式(4.1)，则其量测方程为

$$\boldsymbol{Z} = \begin{bmatrix} \boldsymbol{Z}_V \\ \boldsymbol{Z}_\omega \end{bmatrix}$$

其中

$$\boldsymbol{Z}_V = \delta\boldsymbol{V}_e^{n} + \boldsymbol{V}_V, \qquad \boldsymbol{Z}_\omega = [\boldsymbol{\omega}_{ib_m}^{b_m} \times](\boldsymbol{C}_{b_m}^{n})^{-1}\boldsymbol{\varphi}^{n} + \boldsymbol{C}_{b_f}^{b_h}\boldsymbol{\varepsilon}_b^{b_s} + \boldsymbol{V}_\omega$$

$\boldsymbol{C}_{b_m}^{n}$ 为主惯导输出的载机姿态矩阵；$\boldsymbol{C}_{b_f}^{b_h}$ 为弹体安装矩阵；$\boldsymbol{V}_V$、$\boldsymbol{V}_\omega$ 为未知量测噪声。

系统的量测方程为

$$\boldsymbol{Z} = \begin{bmatrix} \boldsymbol{0}_{3\times 3} & \boldsymbol{I}_{3\times 3} & \boldsymbol{0}_{3\times 3} & \boldsymbol{0}_{3\times 3} \\ \boldsymbol{\omega}_{ib_m}^{b_m} \times (\boldsymbol{C}_{b_m}^{n})^{-1} & \boldsymbol{0}_{3\times 3} & \boldsymbol{C}_{b_f}^{b_h} & \boldsymbol{0}_{3\times 3} \end{bmatrix}\boldsymbol{X} + \begin{bmatrix} \boldsymbol{V}_V \\ \boldsymbol{V}_\omega \end{bmatrix}$$

第 5 章　联邦模糊自适应卡尔曼滤波
在传递对准中的应用

传统的组合传递对准方法中系统的维数比较多,使用集中式卡尔曼滤波存在计算量大、实时性差以及容错性能低等缺点。随着计算机技术的发展,寻求一种快速、准确的滤波方法势在必行。1988 年 Carlson 应用方差上界技术和信息分配原理,论证了联邦滤波的最优性。理论上联邦滤波具有整体最优或近于最优性,也具有比较高的容错性,而且其设计比较灵活,易于应用到实时导航数据融合算法处理中。在实际的传递对准中,由于干扰信号是随机信号,因此很难得到干扰信号精确的统计特性,而且很多情况下系统模型本身还存在一定范围的变化,联邦滤波的融合算法并不能很好地反映对准精度。对此,针对系统动态模型和噪声的统计特性无法完全获得的情况下,结合模糊自适应滤波理论对联邦滤波进行了一定的改进。

5.1　联邦滤波的基本原理

联邦滤波器是一种具有两级结构的分散化滤波方法的滤波器,由若干个子滤波器和一个主滤波器组成。联邦滤波器中各个子滤波器独立地进行时间更新和量测更新,主滤波器将各个滤波器的结果进行融合,融合后的结果可反馈到子滤波器,作为下一个处理周期的初值。联邦滤波算法相当于把集中式滤波算法中的大矩阵分化到子滤波器中的矩阵，有效地减少了计算量，能很好地完成实时计算功能[81-85]。

5.1.1　联邦滤波结构

联邦滤波器的结构如图 5-1 所示，图中，$\hat{\boldsymbol{X}}_g$ 为系统公共状态的全局估计；虚线表示对各子系统的反馈校正，即对各子系统进行信息分配，究竟是否进行校正要视对系统整体的设计要求而定。如果系统要求精度最佳，则必须加以校正；如果系统要求容错能力最强，则不加校正。可见，精度和容错能力是不可能同时达到最佳的。

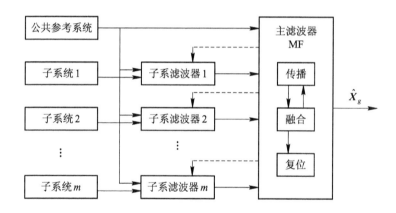

图 5-1　联邦滤波器结构

5.1.2　联邦滤波算法

假设各子滤波器的估计不相关，融合后的全局状态估计 $\hat{\boldsymbol{X}}_g$ 为局部状态估计的线性组合，即

$$\hat{\boldsymbol{X}}_g = \boldsymbol{P}_g \left(\sum_{i=1}^{m} \boldsymbol{P}_{ci}^{-1} \hat{\boldsymbol{X}}_{ci} \right)$$

$$\boldsymbol{P}_g = \left(\sum_{i=1}^{m} \boldsymbol{P}_{ci}^{-1} \right)^{-1}$$

其中，$\hat{\boldsymbol{X}}_{ci}$ 为子滤波器 i 对系统公共状态的局部最优估计（$i=1, 2, 3, \cdots, m$）；$\boldsymbol{P}_{ci}$ 为局部最优估计误差的方差矩阵，且各局部估计互不相关。

联邦滤波信息融合的意义可以理解为：在获取系统公共状态局部最优估计的条件下，将系统公共状态的局部最优估计视为系统公共状态的直接量测量，对系统公共状态进行最优加权最小二乘估计。

5.2　模糊自适应卡尔曼滤波的原理

在实际工程中，惯性系统大部分是非线性系统，并且当系统环境发生变化时，模型量测噪声会发生非常大的变化，使系统噪声统计特性不再准确，影响定位精度甚至使滤波发散。为解决这一问题，本节将介绍模糊自适应卡尔曼滤波算法，这种方法的优点是能够使系统快速收敛，实时滤波，并且在系统量测噪声统计特性不明确的情况下，可有效避免滤波发散，使系统估计值趋于平稳。

5.2.1　自适应滤波问题的提出

当系统模型已知时，可以使用卡尔曼滤波的方法设计出一个最优滤波器。但是在实际的工程应用中，系统模型中的参数不能完全准确预知，这时，利用参数估计的方法，直接把来自系统的观测数据作为设计最优滤波器所需要的信息，这就是自适应滤波问题[86,87]。

5.2.2　模糊自适应卡尔曼滤波

1. T-S 模糊控制

Takagi 和 Sugeno 于 1985 年提出了著名的 T-S 模糊模型，是从给定的输入-输出数据集产生模糊规则的系统化方法。T-S 模糊逻辑系统结构如图 5-2 所示。

在图 5-2 中，$x \in U$ 是输入变量；$y \in V$ 是输出变量；$\boldsymbol{R}^{(j)}$ 表示第 j 条规则，

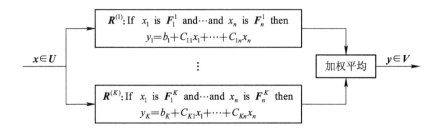

图 5-2　T-S模糊逻辑系统结构

j 是规则库中的规则数；F_i^j 为模糊子集，隶属函数可以取三角形、梯形或者正态型。

1）仿射 T-S 模糊模型

当 $\boldsymbol{y}_j(x_1, x_2, \cdots x_m)$ 为一阶多项式且带有常数项时，有

$$\boldsymbol{y}_j = \boldsymbol{C}_j^{\mathrm{T}} \boldsymbol{x} + \boldsymbol{b}_j$$

其中，$\boldsymbol{C}_j^{\mathrm{T}}$ 是参数变量；$\boldsymbol{b}_j$ 是标量补偿。这种模糊模型称为仿射 T-S 模糊模型。

2）齐次 T-S 模糊模型

当 $\boldsymbol{b}_j = \boldsymbol{0}$，$j = 1, 2, \cdots, K$ 时，存在

$$\boldsymbol{y}_j = \boldsymbol{C}_j^{\mathrm{T}} \boldsymbol{x}$$

这种模型称为齐次 T-S 模型（或线性 T-S 模型）。该模型与仿射 T-S 模糊模型相比，逼近非线性系统能力是有限的。

3）零阶 T-S 模糊模型

当 $\boldsymbol{C}_j^{\mathrm{T}} = \boldsymbol{0}$，$j = 1, 2, \cdots, K$ 时，模型结论部分是一常数，所得到的模型称为零阶 T-S 模糊模型，也称为单点 T-S 模糊模型。

由于零阶 T-S 模糊模型的输出为线性函数的形式，因此避免了繁琐的去模糊化过程，系统的输出可以表示为

$$\hat{\boldsymbol{y}} = \frac{\sum\limits_{j=1}^{K} \boldsymbol{G}^j \cdot \boldsymbol{y}_j}{\sum\limits_{j=1}^{K} \boldsymbol{G}^j} = \boldsymbol{H} \cdot \boldsymbol{\theta}^{\mathrm{T}}$$

其中，$\boldsymbol{G}^j = \boldsymbol{F}_1^j(x_1) \bigcap \boldsymbol{F}_2^j(x_2) \bigcap \cdots \bigcap F_m^j(x_m)$ 表示对应输入向量的第 j 条规则的真值。

模糊参数辨识方程为

$$\boldsymbol{F}_k = \frac{\boldsymbol{S}_{k-1}\boldsymbol{H}_k^{\mathrm{T}}}{1 + \boldsymbol{H}_k\boldsymbol{S}_{k-1}\boldsymbol{H}_k^{\mathrm{T}}}$$

$$\boldsymbol{S}_k = \boldsymbol{S}_{k-1} - \boldsymbol{F}_k\boldsymbol{H}_k\boldsymbol{S}_{k-1}$$

$$\boldsymbol{\theta}_k = \boldsymbol{\theta}_{k-1} + \boldsymbol{F}_k(\boldsymbol{y}_k - \boldsymbol{H}_k\boldsymbol{\theta}_{k-1}^{\mathrm{T}})$$

其中，$\boldsymbol{F}_k$ 为增益向量；$\boldsymbol{S}_k$ 为协方差矩阵，其初值一般取为 $\boldsymbol{S}_0 = \alpha\boldsymbol{I}$，$\alpha$ 为比较大的正整数；$\boldsymbol{H}_k$ 为数据行向量：

$$\boldsymbol{H}_k = \begin{bmatrix} W^1 & W^1 & \cdots & W^1 x_n & \cdots & W^K & W^K x_1 & \cdots & W^K x_n \end{bmatrix}$$

$$W^j = \frac{\boldsymbol{G}^j}{\sum\limits_{j=1}^{K}\boldsymbol{G}^j}$$

$\boldsymbol{\theta}_k$ 为待辨识的参数向量，其初值一般取为 $\theta_0 = 0$。

2. 模糊自适应卡尔曼滤波理论

模糊自适应卡尔曼滤波的基本思想是利用观测数据进行滤波的同时，不断对观测到的模型参数或系统特性进行估计和修正，实现滤波器的实时改进，提高滤波精度[88-93]。

设线性离散系统的系统方程与量测方程为

$$\begin{cases} \boldsymbol{X}_k = \boldsymbol{\Phi}_{k,k-1}\boldsymbol{X}_{k-1} + \boldsymbol{W}_{k-1} \\ \boldsymbol{Z}_k = \boldsymbol{H}_k\boldsymbol{X}_k + \boldsymbol{V}_k \end{cases}$$

其中，$\boldsymbol{X}_k$ 是被估计状态；$\boldsymbol{Z}_k$ 是系统量测量；$\boldsymbol{\Phi}_{k,k-1}$ 是 t_{k-1} 时刻到 t_k 时刻的一步转移矩阵；$\boldsymbol{W}_{k-1}$ 是系统激励噪声序列，且 $E[\boldsymbol{W}_{k-1}\boldsymbol{W}_{k-1}^{\mathrm{T}}] = \boldsymbol{Q}$；$\boldsymbol{H}_k$ 是量测矩阵；$\boldsymbol{V}_k$ 是量测噪声序列，且 $E[\boldsymbol{V}_k\boldsymbol{V}_k^{\mathrm{T}}] = \boldsymbol{R}$。

设系统噪声与量测噪声的方差矩阵为指数函数，将指数加权应用到系统噪声与量测噪声中以达到避免发散的目的。修改后的卡尔曼滤波方程为

系统噪声为

$$Q_k = Q \alpha^{-(2k+1)}$$

量测噪声为

$$R_k = R \alpha^{-(2k+1)}$$

加权滤波矩阵为

$$P_k^{\alpha^-} = P_k \alpha^{-2k}$$

状态一步预测为

$$\hat{X}_{k/k-1} = \boldsymbol{\Phi}_{k,\,k-1} \hat{X}_{k-1}$$

一步预测误差方差矩阵为

$$P_{k/k-1}^{\alpha^-} = \alpha^2 \boldsymbol{\Phi}_{k,\,k-1} P_k^{\alpha^-} \boldsymbol{\Phi}_{k,\,k-1}^{\mathrm{T}} + Q_k$$

滤波增益矩阵为

$$K_k = P_{k/k-1}^{\alpha^-} H_k^{\mathrm{T}} (H_k P_{k/k-1}^{\alpha^-} H_k^{\mathrm{T}} + R_k)^{-1}$$

估计误差方差矩阵为

$$P_k^{\alpha^-} = (I - K_k H_k) P_{k/k-1}^{\alpha^-}$$

状态估计为

$$\hat{X}_k = \hat{X}_{k/k-1} + K_k (Z_k - H_k \hat{X}_{k/k-1})$$

量测过程中的新息(也称残差)为

$$r_k = Z_k - H_k \hat{X}_k$$

新息方差矩阵为

$$P_k^r = H_k P_{k/k-}^{\alpha^-} H_k^{\mathrm{T}} + R_k$$

卡尔曼滤波器中新息的方差和均值可以判断滤波器性能的高低,在最优的情况下,新息的均值接近于零,当系统噪声不稳定时,通过合理地选择参数 α 使滤波器达到稳定状态。当系统噪声增大时,导致新息的方差增大,均值偏离零值,此时需要增大 α 以加强量测量在估计状态时所占的比重;当系统噪声增大到一定程度,新息的均值出现跳变时,说明滤波器性能恶化,此时需要将参数 α 降低。总之,通过调整参数 α,使新息尽量保持为零均值的白噪声。

5.3　联邦模糊自适应卡尔曼滤波理论及设计

传递对准中的联邦模糊自适应卡尔曼滤波的工作原理如下：

（1）将弹载子惯导视为公共参考系统，而将机载主惯导的速度匹配量和姿态匹配量或角速度匹配量视为两个分立的子系统的输出，相应的两个子滤波器采用模糊自适应卡尔曼滤波，以解决系统噪声与量测噪声未知或未完全可知的情况下的滤波。

（2）通过权值模糊自适应信息分配对两个子惯导系统的输出进行不同比重的信息分配，采用联邦滤波算法对两个子系统的公共状态进行信息融合，进而得到全局次优估计。

5.3.1　模糊自适应子滤波器设计

假定 N 表示一段时间内的统计数，传递对准的 k 时刻新息均值的估计值为

$$\bar{\boldsymbol{r}}_k = \begin{bmatrix} \bar{r}_{k1} & \bar{r}_{k2} & \bar{r}_{k3} \end{bmatrix}^{\mathrm{T}} = \frac{1}{N}\sum_{j=k-N+1}^{k} \boldsymbol{r}_j$$

其中

$$\boldsymbol{r}_j = \begin{bmatrix} r_{j1} & r_{j2} & r_{j3} \end{bmatrix}^{\mathrm{T}} = \boldsymbol{Z}_j - \boldsymbol{H}_j \hat{\boldsymbol{X}}_j$$

k 时刻新息协方差的估计值为

$$\hat{\boldsymbol{P}}_k^r = \begin{bmatrix} \hat{P}_{k1}^r & \hat{P}_{k2}^r & \hat{P}_{k3}^r \end{bmatrix}^{\mathrm{T}}$$

其中

$$\hat{P}_{ki}^r = \frac{1}{N-1}\sum_{j=k-N+1}^{k} (r_{ji} - \bar{r}_{ki})^2, \quad i = 1, 2, 3$$

而 k 时刻新息协方差矩阵的理论值为

$$\boldsymbol{P}_k^r = \boldsymbol{H}_k \boldsymbol{P}_{k/k-1} \boldsymbol{H}_k^{\mathrm{T}} + \boldsymbol{R}_k$$

取 k 时刻新息协方差矩阵理论值的对角元，即

$$P_{ki}^r = P_k^r(i, i), \quad i = 1, 2, 3$$

则 k 时刻新息方差的估计值与理论值之比为

$$\beta_{ki} = \frac{\hat{P}_{ki}^r}{P_{ki}^r}, \quad i = 1, 2, 3$$

采用三个 T-S 模糊逻辑系统在滤波过程中对进行实时自适应调整，输入为新息均值的估计值 $\bar{r}_{ki}$ 和新息方差估计值与理论值的比值 β_{ki}，输出为参数 α。

实时调整 α 值的 T-S 模糊逻辑系统结构如图 5-3 所示。

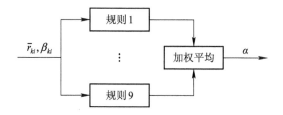

图 5-3　实时调整 α 值的 T-S 模糊逻辑系统结构

将输入参数取为 3 个等级：Z、S、L；输出参数 α 的四个模糊集合可根据先验知识库以及量测不确定性干扰，取多组值进行仿真后确定为

Z：$\alpha = 10$；　　　　　　　　　　M：$\alpha = 2^{-i+1}$

S：$\alpha = 10 + 400 \times \beta_{ki}$；　　　　L：$\alpha = 20 + 5 \times \beta_{ki}$

其中，$i = 1, 2, 3$。

模糊规则如表 5-1 所示。

表 5-1　模糊规则表

β_{ki} ＼ $\bar{r}_{ki}$	Z	S	L
Z	Z	S	M
S	S	M	L
L	M	L	L

5.3.2　权值模糊自适应信息系统设计

联邦滤波算法要遵循信息分配原则，系统中的信息有两类：

（1）状态（运动）方程的信息。状态方程与状态方程中的过程噪声的方差成反比。过程噪声越弱，状态方程越精确。因此，状态方程的信息量可以用过程噪声方差的逆（即 $\boldsymbol{Q}^{-1}$）来表示。

（2）量测方程的信息。量测方程的信息量可以用量测噪声方差的逆（即 $\boldsymbol{R}^{-1}$）来表示。

传统的联邦卡尔曼滤波的全局融合算法为

$$\hat{\boldsymbol{X}}_g = \boldsymbol{P}_g \left(\sum_{i=1}^m \boldsymbol{P}_{ci}^{-1} \hat{\boldsymbol{X}}_{ci} \right)$$

$$\boldsymbol{P}_g = \left(\sum_{i=1}^m \boldsymbol{P}_{ci}^{-1} \right)^{-1}$$

该算法要求精确知道系统模型和噪声模型，而且在计算过程中需要计算协方差逆矩阵，这样将会导致系统的计算量加大，进而影响到系统的实时性[94-97]。

在实际的传递对准过程中，系统模型和噪声模型的建立都存在一定的困难。为了避免模型不准确以及噪声对滤波精度的影响，提高计算速度，可采用权值模糊自适应方法，即通过传递对准各个子滤波器中的参数得到局部估计状态在全局状态融合中的权值分量。

模糊控制器的输入为实际新息方差与理论新息方差的差值 DOM_k 和量测噪声矩阵 $\boldsymbol{R}$，输出为传递对准子滤波器的局部估计状态的权值 Δ_i。

新息的理论方差为

$$\hat{P}_k^r = \begin{bmatrix} \hat{P}_{k1}^r & \hat{P}_{k2}^r & \hat{P}_{k3}^r \end{bmatrix}^{\mathrm{T}}$$

其中

$$\hat{P}_{ki}^r = \frac{1}{N-1} \sum_{j=k-N+1}^k (r_{ji} - \bar{r}_{ki})^2, \quad i = 1, 2, 3$$

新息的实际方差为

$$\boldsymbol{P}_k^r = \boldsymbol{H}_k \big[\boldsymbol{\varPhi}_{k,\,k-1} \boldsymbol{P}_k \boldsymbol{\varPhi}_{k,\,k-1}^{\mathrm{T}} + \boldsymbol{Q}_k \big] \boldsymbol{H}_k^{\mathrm{T}} + \boldsymbol{R}_k$$

则

$$\mathrm{DOM}_k = \boldsymbol{P}_k^r - \hat{\boldsymbol{P}}_k^r$$

调整 Δ_i 值的 T-S 模糊逻辑系统结构如图 5-4 所示。

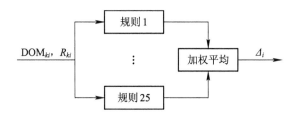

图 5-4　调整 Δ_i 值的 T-S 模糊逻辑系统结构

将输入参数取为 5 个等级：Z、XS、S、B、XB；输出权值论域为[0，1]并均分为 5 个级别：Z=0、S=0.25、M=0.5、B=0.75、L=0.75。模糊规则如表 5-2 所示。

表 5-2　模糊规则表

R_{ki} ＼ DOM_{ki}	Z	XS	S	B	XB
Z	L	L	B	M	M
XS	L	B	B	M	S
S	B	B	M	S	S
B	M	M	S	S	Z
XB	M	S	S	Z	Z

利用模糊算法得到各局部估计状态 $\hat{\boldsymbol{X}}_i$ 的权值 Δ_i 后，利用重心法完成全局状态估计：

$$\hat{\boldsymbol{X}}(k) = \frac{\sum\limits_{j=1}^{n} \boldsymbol{X}_j(k)\Delta_j(k)}{\sum\limits_{j=1}^{n} \Delta_j(k)}$$

其中，n 为子滤波器的个数。

5.4　联邦模糊自适应卡尔曼滤波算法在传递对准中的应用

传统的速度＋姿态匹配传递对准采用集中式卡尔曼滤波器来实现传递对准，该方法优于单独采用速度匹配或姿态匹配的。速度＋姿态匹配传递对准方法的特点是，对载机的机动要求弱，而且对准速度快；但滤波器的维数较高，滤波计算量较大。

5.4.1　速度＋姿态匹配联邦模糊自适应卡尔曼滤波结构设计

联邦模糊自适应卡尔曼滤波在结构上支持并行计算，这样就会减小传递对准的计算量，同时在传递对准各个子系统滤波中采用模糊自适应卡尔曼滤波，在信息融合时使用权值模糊自适应方法得到全局估计，以达到可以快速实现传递对准同时又降低滤波的计算量的目的，提高了滤波更新率[98,99]。

速度＋姿态联邦模糊自适应卡尔曼滤波算法原理图如图 5-5 所示。

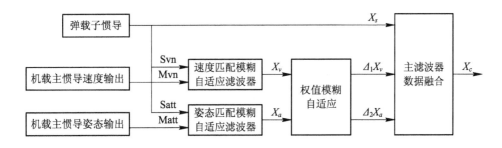

图 5-5　速度＋姿态联邦模糊自适应卡尔曼滤波算法原理图

5.4.2　速度＋角速度匹配联邦模糊自适应卡尔曼滤波结构设计

在集中式卡尔曼滤波中，状态噪声与量测噪声的协方差矩阵要预先给定，随着滤波的进行，增益矩阵和方差矩阵逐渐趋于稳态值，导致滤波对目标机动噪声变化的适应能力下降。当实际噪声特性稍有变化时，滤波精度就会出现明显的下降。

速度＋角速度匹配传递对准采用联邦模糊自适应卡尔曼滤波结构，针对系统动态模型和噪声模型的统计特性无法完全获得的情况下，可结合模糊原理和自适应滤波对联邦滤波进行一定的改进。

速度＋角速度联邦模糊自适应卡尔曼滤波算法原理图如图 5－6 所示。

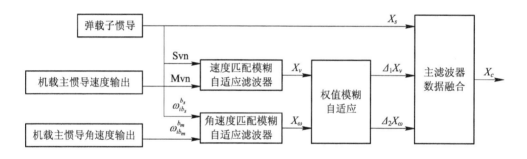

图 5－6　速度＋角速度联邦模糊自适应卡尔曼滤波算法原理图

第6章　传递对准精度评估研究

机载战术导弹飞行时间比较短，以至于陀螺漂移还来不及对导航系统精度产生影响，导航系统误差几乎完全由传递对准误差决定，所以确定出传递对准的实际误差有助于对传递对准方案及算法的优劣作出客观评判，并据此对传递对准方案有针对性地作出改进[100-103]。

评估算法应满足以下要求：

（1）估计精度高于卡尔曼滤波，否则评估方法将失去可信性。

（2）充分利用导航过程中积累的导航及滤波信息。

（3）随机相对运动的模型必须准确建立。

（4）兼顾导航计算机的运算能力、存储量及在线评估等方面的要求。

6.1　评估算法设计

对弹载子惯导传递对准精度作评估时，必须要有参考导航系统作为基准，通过主惯导与子惯导系统的相应输出作比较构造出量测量，在卡尔曼滤波中的平滑处理技术可估计出子惯导开始导航时的导航误差偏角。

6.1.1　系统输出同步问题

传递对准过程中，需要随时使用弹载子惯导系统与参考系统的输出信号构造出量测量，但在实际的工作环境中，弹载子惯导系统与参考系统的输出信号一般都不同步，这就要求对弹载子惯导系统与参考系统的输出信号进行同步处理。子惯导系统与参考系统时序如图 6 - 1 所示。

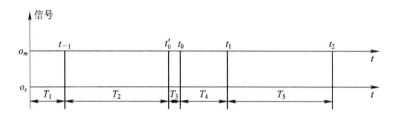

图 6 - 1　子惯导系统与参考系统时序图

在图 6 - 1 中，T_1 为参考系统的初始对准时间段，T_2 为参考系统正常工作时间段，$T_3 = \Delta\tau$ 为参考系统输出到弹载子惯导系统的时间延迟段，T_4 为弹载子惯导系统传递对准时间段，T_5 为弹载子惯导系统导航时间段。

弹载子惯导系统与机载主惯导系统的数据采集图如图 6 - 2 所示。

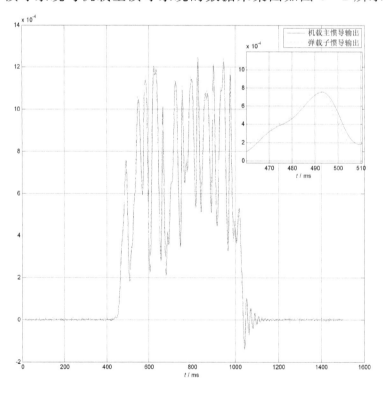

图 6 - 2　弹载子惯导系统与机载主惯导系统的数据采集图

　　在机载导弹捷联惯导系统传递对准过程中,影响卡尔曼滤波器的收敛速度和精度的一个重要因素是,机载主惯导系统数据传递给弹载子惯导系统的数据时间延迟。信息的时间延迟对弹载子惯导系统传递对准精度的影响很大。

　　从图 6-2 中可以看出,弹载子惯导系统的输出与机载主惯导系统的输出之间存在 5 ms 左右的时间延迟,这就需要根据同步时间差对其中的一个系统的输出信号作外推处理。

6.1.2　实现数据同步的外推算法

　　信号同步处理是指用数据同步算法对信号进行外推处理,即根据同步时间差对两个系统中一个系统的输出作外推处理,以获得两信号的同步值来构造同步周期上的量测值。

　　作同步处理必须先获取同步时间差,由于机载主惯导系统与弹载子惯导系统的周期比较接近,因此可以设置统一时标,机载主惯导系统与弹载子惯导系统相对于该时标计时,以机载主惯导系统的第一次计时值作为时间起点,即 $t=0$。存储弹载子惯导系统的最新输出时间,如果在弹载子惯导系统的最新输出时间 t_s 之后获得机载主惯导系统的输出时间 t_m,则弹载子惯导系统相对机载主惯导系统的时间差为 $\Delta\tau=t_m-t_s$。

　　在实际运算中,由于机载主惯导系统是精度较高的惯导系统,因此应该对机载主惯导系统的数据进行外推处理。同步的外推算法实际上就是一种信号保持器,用以解决各采样点之间的插值问题。可见,它相当于"外推器"的作用,即现在时刻的输出信号取决于过去时刻离散信号值的外推。

　　设在 $t_{m(k+1)}$ 同步时间点上,弹载子惯导系统和机载主惯导系统的同步时间差为 $\Delta\tau_k$,则三阶信号保持器的公式为

$$X(N_{k+1}T_{\mathrm{mins}}+\Delta\tau_k)=a_0+a_1\Delta\tau_k+a_2\Delta\tau_k^2+a_3\Delta\tau_k^3$$

式中, $N_{k+1}=\left[\left[\dfrac{T_{\mathrm{mins}}-\Delta\tau_k}{T_{\mathrm{sins}}}\right]\right]$ 表示对括号中的内容取整; T_{mins} 为机载主惯导系统

的信号输出周期，即信号采样周期；$\Delta\tau_k$ 为数据外推的时间间隔，且 $0 \leqslant \Delta\tau_k < T_{sins}$。这是关于 $\Delta\tau_k$ 的三次曲线，该曲线由机载主惯导系统的输出数据确定，各系数的确定如下：

当 $\Delta\tau_k = 0$ 时，有

$$X(N_{k+1}T_{mins}) = a_0$$

当 $\Delta\tau_k = -T_{mins}$ 时，有

$$X[(N_{k+1}-1)T_{mins}] = a_0 - a_1 T_{mins} + a_2 T_{mins}^2 - a_3 T_{mins}^3$$

当 $\Delta\tau_k = -2T_{mins}$ 时，有

$$X[(N_{k+1}-2)T_{mins}] = a_0 - 2a_1 T_{mins} + 4a_2 T_{mins}^2 - 8a_3 T_{mins}^3$$

当 $\Delta\tau_k = -3T_{mins}$ 时，有

$$X[(N_{k+1}-3)T_{mins}] = a_0 - 3a_1 T_{mins} + 9a_2 T_{mins}^2 - 27a_3 T_{mins}^3$$

对以上各式联立求解可得

$$a_0 = X(N_{k+1}T_{mins})$$

$$a_1 = (11X(N_{k+1}T_{mins}) - 18X[(N_{k+1}-1)T_{mins}] + 9X[(N_{k+1}-2)T_{mins}] - 2X[(N_{k+1}-3)T_{mins}])/(6T_{mins})$$

$$a_2 = (6X(N_{k+1}T_{mins}) - 15X[(N_{k+1}-1)T_{mins}] + 12X[(N_{k+1}-2)T_{mins}] - 3X[(N_{k+1}-3)T_{mins}])/(6T_{mins}^2)$$

$$a_3 = (X(N_{k+1}T_{mins}) - 3X[(N_{k+1}-1)T_{mins}] + 3X[(N_{k+1}-2)T_{mins}] - X[(N_{k+1}-3)T_{mins}])/(6T_{mins}^3)$$

6.1.3　传递对准精度评估的基本算法

传递对准精度评估的实质是估计出弹载子惯导系统导航开始时刻的误差偏角，即从含有干扰的量测量中提取出有关误差角的信息。这一类问题的研究是最优估计所涉及的主要内容[104-107]。

平滑技术是指应用当前的量测值来估计以前状态的一种方法。根据量测值和被估计状态相隔时间的不同，平滑算法可以分为固定点平滑算法、固定区域

平滑算法和固定滞后平滑算法三种。其中，固定滞后（最优）平滑算法更多用于通信系统。

设传递对准精度评估的系统状态空间模型的离散化形式为

$$\begin{cases} \boldsymbol{X}_k = \boldsymbol{\Phi}_{k,k-1}\boldsymbol{X}_{k-1} + \boldsymbol{W}_{k-1} \\ \boldsymbol{Z}_k = \boldsymbol{H}_k\boldsymbol{X}_k + \boldsymbol{V}_k \end{cases}$$

式中，$k=1,2,3,\cdots$；$\boldsymbol{\Phi}_{k,k-1}$ 为一步转移矩阵；$\boldsymbol{H}_k$ 为量测矩阵；$\boldsymbol{W}_k$ 为系统激励白噪声，且 $E[\boldsymbol{W}_k\boldsymbol{W}_k^{\mathrm{T}}]=\boldsymbol{Q}$；$\boldsymbol{V}_k$ 为量测白噪声，且 $E[\boldsymbol{V}_k\boldsymbol{V}_k^{\mathrm{T}}]=\boldsymbol{R}$。

1. 卡尔曼固定点平滑算法

固定点平滑算法是利用 k 时间段以内的所有量测值组成的向量，来估计 $0\sim k-1$ 时刻中某一固定时刻 j 状态向量 $\boldsymbol{X}_j$ 的方法。

假设 t_j 为某一固定的时间点，t_N 为 k 时间段获得的最后一个量测量的时间点，并且 $t_j\leqslant t_N$。则平滑是指求取如下线性最小方差估计：

$$\boldsymbol{X}_j = \hat{\boldsymbol{X}}_{j|N} = E^*\left[\frac{X_j}{Z_1 Z_2\cdots Z_N}\right]$$

设平滑状态量为 $\boldsymbol{X}_k^s$，且其递推方程为

$$\boldsymbol{X}_k^s = \boldsymbol{X}_{k-1}^s$$

设在系统初始时刻 j，平滑状态与系统状态相同，由此可得：

$$\boldsymbol{X}_k^s = \boldsymbol{X}_j^s$$

则系统扩大以后的系统方程为

$$\begin{bmatrix} \boldsymbol{X}_k \\ \boldsymbol{X}_k^s \end{bmatrix} = \begin{bmatrix} \boldsymbol{\Phi}_{k,k-1} & \boldsymbol{0} \\ \boldsymbol{0} & \boldsymbol{I} \end{bmatrix}\begin{bmatrix} \boldsymbol{X}_{k-1} \\ \boldsymbol{X}_{k-1}^s \end{bmatrix} + \begin{bmatrix} \boldsymbol{I} \\ \boldsymbol{0} \end{bmatrix}\boldsymbol{W}_{k-1}$$

量测方程为

$$\boldsymbol{Z}_k = \begin{bmatrix} \boldsymbol{H}_k & \boldsymbol{0} \end{bmatrix}\begin{bmatrix} \boldsymbol{X}_{k-1} \\ \boldsymbol{X}_{k-1}^s \end{bmatrix} + \boldsymbol{V}_k$$

对扩大后的系统方程和量测方程应用卡尔曼一步预测基本方程，有

$$\begin{bmatrix} \hat{X}_{k+1/k} \\ \hat{X}^s_{k+1/k} \end{bmatrix} = \left\{ \begin{bmatrix} \boldsymbol{\Phi}_{k+1,\,k} & \mathbf{0} \\ \mathbf{0} & \boldsymbol{I} \end{bmatrix} - \begin{bmatrix} \boldsymbol{K}_k \\ \boldsymbol{K}^s_k \end{bmatrix} \begin{bmatrix} \boldsymbol{H}_k & \mathbf{0} \end{bmatrix} \right\} \begin{bmatrix} \hat{X}_{k/k-1} \\ \hat{X}^s_{k/k-1} \end{bmatrix} + \begin{bmatrix} \boldsymbol{K}_k \\ \boldsymbol{K}^s_k \end{bmatrix} \boldsymbol{Z}_K$$

扩大状态后的增益矩阵为

$$\begin{bmatrix} \boldsymbol{K}_k \\ \boldsymbol{K}^a_k \end{bmatrix} = \begin{bmatrix} \boldsymbol{\Phi}_{k+1,\,k} & \mathbf{0} \\ \mathbf{0} & \boldsymbol{I} \end{bmatrix} \begin{bmatrix} \boldsymbol{P}_{k/k-1} & \boldsymbol{P}^{s\mathrm{T}}_{k/k-1} \\ \boldsymbol{P}^s_{k/k-1} & \boldsymbol{P}^{ss}_{k/k-1} \end{bmatrix} \begin{bmatrix} \boldsymbol{H}^\mathrm{T}_k \\ \mathbf{0} \end{bmatrix} \begin{bmatrix} \boldsymbol{H}_k \boldsymbol{P}_{k/k-1} \boldsymbol{H}^\mathrm{T}_k + \boldsymbol{R}_k \end{bmatrix}^{-1}$$

扩大状态后的估计均方误差矩阵为

$$\begin{bmatrix} \boldsymbol{P}_{k+1/k} & \boldsymbol{P}^{s\mathrm{T}}_{k+1/k} \\ \boldsymbol{P}^s_{k+1/k} & \boldsymbol{P}^{ss}_{k+1/k} \end{bmatrix}$$

$$= \begin{bmatrix} \boldsymbol{\Phi}_{k+1,\,k} & \mathbf{0} \\ \mathbf{0} & \boldsymbol{I} \end{bmatrix} \begin{bmatrix} \boldsymbol{P}_{k/k-1} & \boldsymbol{P}^{s\mathrm{T}}_{k/k-1} \\ \boldsymbol{P}^s_{k/k-1} & \boldsymbol{P}^{ss}_{k/k-1} \end{bmatrix} \begin{bmatrix} \boldsymbol{H}^\mathrm{T}_k \\ \mathbf{0} \end{bmatrix} \left\{ \begin{bmatrix} \boldsymbol{\Phi}^\mathrm{T}_{k+1,\,k} & \mathbf{0} \\ \mathbf{0} & \boldsymbol{I} \end{bmatrix} - \begin{bmatrix} \boldsymbol{H}^\mathrm{T}_k \\ \mathbf{0} \end{bmatrix} \begin{bmatrix} \boldsymbol{K}^\mathrm{T}_k & \boldsymbol{K}^{s\mathrm{T}}_k \end{bmatrix} \right\} + \boldsymbol{Q}_k$$

上式的初始条件为

$$\begin{bmatrix} \boldsymbol{P}_{j/j-1} & \boldsymbol{P}^{s\mathrm{T}}_{j/j-1} \\ \boldsymbol{P}^s_{j/j-1} & \boldsymbol{P}^{ss}_{j/j-1} \end{bmatrix} = \begin{bmatrix} \boldsymbol{P}_{j/j-1} & \boldsymbol{P}_{j/j-1} \\ \boldsymbol{P}_{j/j-1} & \boldsymbol{P}_{j/j-1} \end{bmatrix}$$

整理以上各式可以得到两组方程：

（1）滤波方程。

状态一步预测：

$$\hat{X}^f_{k/k-1} = \boldsymbol{\Phi}_{k,\,k-1} \hat{X}^f_{k-1}$$

状态估计：

$$\hat{X}^f_k = \hat{X}^f_{k/k-1} + \boldsymbol{K}^f_k (\boldsymbol{Z}_k - \boldsymbol{H}_k \hat{X}^f_{k/k-1})$$

滤波增益：

$$\boldsymbol{K}^f_k = \boldsymbol{P}^f_{k/k-1} \boldsymbol{H}^\mathrm{T}_k (\boldsymbol{H}_k \boldsymbol{P}^f_{k/k-1} \boldsymbol{H}^\mathrm{T}_k + \boldsymbol{R}_k)^{-1}$$

一步预测均方误差：

$$\boldsymbol{P}^f_{k/k-1} = \boldsymbol{\Phi}_{k,\,k-1} \boldsymbol{P}^f_{k-1} \boldsymbol{\Phi}_{k,\,k-1} + \boldsymbol{Q}$$

估计均方误差：

$$\boldsymbol{P}_k^f = (\boldsymbol{I} - \boldsymbol{K}_k \boldsymbol{H}_k) \boldsymbol{P}_{k/k-1}^f (\boldsymbol{I} - \boldsymbol{K}_k^f \boldsymbol{H}_k)^{-1} + \boldsymbol{K}_k^f \boldsymbol{R}_k \boldsymbol{K}_k^{f\mathrm{T}}$$

（2）平滑方程。

当 $k=j$ 时，有

$$\boldsymbol{P}_{j/j}^{sf} = \boldsymbol{P}_{j/j}^f = P_{j/j}^s, \ \hat{\boldsymbol{X}}_{j/j}^s = \hat{\boldsymbol{X}}_{j/j}^f$$

当 $k>j$ 时，插入平滑计算：

$$\boldsymbol{P}_{k/k-1}^{sf} = \boldsymbol{P}_{k-1/k-1}^{sf} \boldsymbol{\Phi}_{k+1,k}^{\mathrm{T}}$$

$$\boldsymbol{K}_k^s = \boldsymbol{P}_{k/k-1}^{sf} \boldsymbol{H}_k^{\mathrm{T}} (\boldsymbol{H}_k \boldsymbol{P}_{k/k-1}^f \boldsymbol{H}_k^{\mathrm{T}} + \boldsymbol{R}_k)^{-1}$$

$$\hat{\boldsymbol{X}}_{j/k}^s = \hat{\boldsymbol{X}}_{j/k-1}^s + \boldsymbol{K}_k^s (\boldsymbol{Z}_k - \boldsymbol{H}_k \hat{\boldsymbol{X}}_{k/k-1}^f)$$

$$\boldsymbol{P}_{k/k}^{sf} = \boldsymbol{P}_{k/k-1}^{sf} - \boldsymbol{K}_k^s \boldsymbol{H}_k \boldsymbol{P}_{k/k-1}^f$$

同时可以得到表征平滑质量的均方误差矩阵为

$$\boldsymbol{P}_{j/k}^s = \boldsymbol{P}_{j/k-1}^s - \boldsymbol{K}_k^s \boldsymbol{H}_k \boldsymbol{P}_{k/k-1}^{fs} = \boldsymbol{P}_{j/k-1}^s - \boldsymbol{K}_k^s \boldsymbol{H}_k \boldsymbol{P}_{k/k-1}^{sf\mathrm{T}}$$

其中，$k=j+1$，$j+2$，…；$\boldsymbol{P}_{k/k}^{sf}$ 为平滑和滤波耦合质量均方误差矩阵；$\boldsymbol{P}_{k/k}^{fs}$ 为滤波和平滑耦合质量均方误差矩阵。

2. 卡尔曼固定区间平滑算法

卡尔曼固定区间平滑算法是指利用某一时间间隔内的所有量测量，来估计系统在这个时间段内整个过程的状态变量。

早在 1965 年 Rauch 等人就提出了固定区间平滑算法，1989 年 Watanabe 提出了对于固定区间平滑（RTS）算法的改进形式，该算法叙述如下：

（1）滤波方程。

状态一步预测：

$$\hat{\boldsymbol{X}}_{k/k-1}^f = \boldsymbol{\Phi}_{k,k-1} \hat{\boldsymbol{X}}_{k-1}^f$$

状态估计：

$$\hat{\boldsymbol{X}}_k^f = \hat{\boldsymbol{X}}_{k/k-1}^f + \boldsymbol{K}_k^f (\boldsymbol{Z}_k - \boldsymbol{H}_k \hat{\boldsymbol{X}}_{k/k-1}^f)$$

滤波增益：

$$\boldsymbol{K}_k^f = \boldsymbol{P}_{k/k-1}^f \boldsymbol{H}_k^{\mathrm{T}} (\boldsymbol{H}_k \boldsymbol{P}_{k/k-1}^f \boldsymbol{H}_k^{\mathrm{T}} + \boldsymbol{R}_k)^{-1}$$

一步预测均方误差：

$$\boldsymbol{P}_{k/k-1}^{f} = \boldsymbol{\Phi}_{k,\,k-1} \boldsymbol{P}_{k-1}^{f} \boldsymbol{\Phi}_{k,\,k-1} + \boldsymbol{Q}$$

估计均方误差：

$$\boldsymbol{P}_{k}^{f} = (\boldsymbol{I} - \boldsymbol{K}_{k}^{f} \boldsymbol{H}_{k}) \boldsymbol{P}_{k/k-1}^{f} (\boldsymbol{I} - \boldsymbol{K}_{k}^{f} \boldsymbol{H}_{k})^{-1} + \boldsymbol{K}_{k}^{f} \boldsymbol{R}_{k} \boldsymbol{K}_{k}^{f\mathrm{T}}$$

（2）平滑方程。

卡尔曼固定区间平滑算法的平滑方程如下：

$$\begin{cases} \boldsymbol{K}_{k}^{s} = \boldsymbol{P}_{k}^{f} \boldsymbol{\Phi}_{k+1,\,k}^{\mathrm{T}} \boldsymbol{P}_{k+1/k}^{f-1} \\[2mm] \hat{\boldsymbol{X}}_{k/N}^{s} = \hat{\boldsymbol{X}}_{k}^{f} + \boldsymbol{K}_{k}^{s} (\hat{\boldsymbol{X}}_{k+1/N}^{s} - \boldsymbol{\Phi}_{k+1,\,k} \hat{\boldsymbol{X}}_{k}^{f}) \\[2mm] \boldsymbol{P}_{k/N}^{s} = \boldsymbol{P}_{k}^{f} + \boldsymbol{K}_{k}^{s} (\boldsymbol{P}_{k+1/N}^{s} - \boldsymbol{P}_{k+1/k}^{f}) \boldsymbol{K}_{k}^{s\mathrm{T}} \\[2mm] \hat{\boldsymbol{X}}_{N/N}^{s} = \hat{\boldsymbol{X}}_{N}^{f}, \ \boldsymbol{P}_{N/N}^{s} = \boldsymbol{P}_{N}^{f} \end{cases} \qquad (k = N-1,\ N-2,\ \cdots,\ 0)$$

式中，N 为固定时间区间 $[0, t]$ 内的量测更新周期 T 的个数，即 $N = t/T$；$\hat{\boldsymbol{X}}_{k/N}^{s}$ 为系统 k 时刻状态的最优平滑估计，$\hat{\boldsymbol{X}}_{0/N}^{s}$ 即为系统初始状态 $\boldsymbol{X}_{0}$ 的最优平滑估计。

固定区间平滑算法实际上分为两步进行，首先利用卡尔曼滤波按照顺时针方向计算 $\hat{\boldsymbol{X}}_{k}^{f}$、$\boldsymbol{P}_{k}^{f}$ 和 $\boldsymbol{P}_{k/k-1}^{f}$，并将这些值存入导航计算机；然后以终端值 $\hat{\boldsymbol{X}}_{N/N}^{s} = \hat{\boldsymbol{X}}_{N}^{f}$ 和 $\boldsymbol{P}_{N/N}^{s} = \boldsymbol{P}_{N}^{f}$ 作为平滑估计的边界条件，按照逆时方向计算最优平滑估计值 $\hat{\boldsymbol{X}}_{k/N}^{s}$ 和最优平滑估计误差方差矩阵 $\boldsymbol{P}_{k/N}^{s}$。

3. 两种平滑算法的仿真分析

平滑算法的仿真条件为载机进行摇翼机动，摇翼角度为 30°。考虑机翼的挠曲变形和颤振，机翼颤振幅值为 2 mm，颤振频率为 25 Hz；机翼挠曲变形模型参数为 $\beta_x = 2.146/0.3$、$\beta_y = 2.146/0.2$、$\beta_z = 2.146/0.4$，挠曲变形激励白噪声方差为 $\sigma_{\eta}^{2} = 3 \times 10^{-6} \, \mathrm{rad}^{2}/\mathrm{s}^{4}$。弹体沿载机横轴方向的杆臂长度为 $l_1 = 1$ m，弹体沿载机立轴方向的杆臂长度为 $l_2 = 0.5$ m。

子惯导误差参数有：陀螺常值漂移为 1°/h；陀螺随机游走系数为 $0.1°/\sqrt{\mathrm{h}}$；加速

度计常值偏置误差为 $5 \times 10^{-4} \mathrm{g}$；加速度计量测白噪声标准差为 $5 \times 10^{-5} \mathrm{g} \cdot \sqrt{\mathrm{s}}$。

弹体安装误差角：$\boldsymbol{\mu} = [0.1° \quad 0.1° \quad 0.1°]^{\mathrm{T}}$。

装订引起的子惯导失准角初值：$\boldsymbol{\varphi}(0) = [0.1° \quad 0.1° \quad 0.5°]^{\mathrm{T}}$。

子惯导速度误差初值：$\delta \boldsymbol{V}_e^n(0) = [3 \ \mathrm{m/s} \quad 3 \ \mathrm{m/s} \quad 3 \ \mathrm{m/s}]^{\mathrm{T}}$。

速度匹配传递对准平滑算法仿真图如图 6-3 所示。

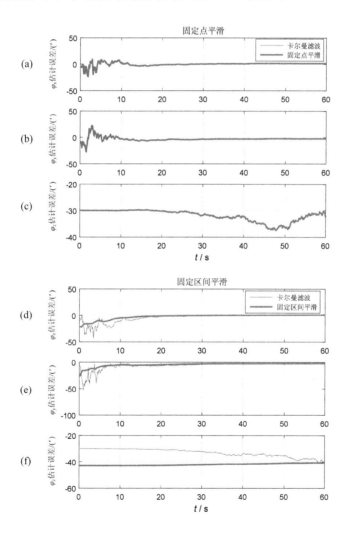

图 6-3　速度匹配传递对准平滑算法仿真图

姿态匹配传递对准平滑算法仿真图如图 6-4 所示。

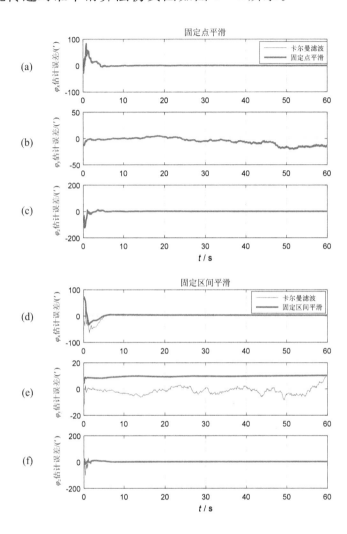

图 6-4 姿态匹配传递对准平滑算法仿真图

角速度匹配传递对准平滑算法仿真图如图 6-5 所示。

（1）图 6-3(a)～(c)、图 6-4(a)～(c)、图 6-5(a)～(c)所示是固定点平滑。在固定点平滑算法中，滤波和平滑同时进行，都在作前向递推，而不必存储滤波过程中的信息。但是平滑值 $\hat{\boldsymbol{X}}_{j/k}$ 和滤波值 $\hat{\boldsymbol{X}}_k$ 之间的唯一联系是两者的协方差矩阵 $\boldsymbol{P}_{k+1/k}^s$，这些联系非常微弱，鲁棒性又极差，所以平滑效果比较差。

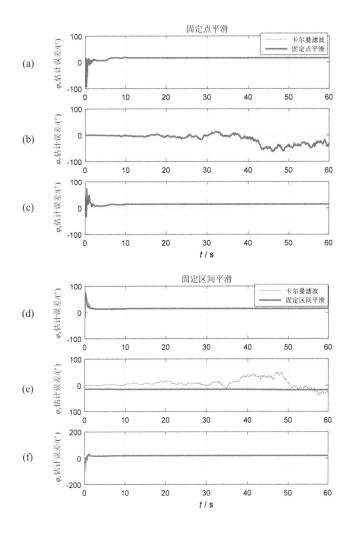

图 6-5　角速度匹配传递对准平滑算法仿真图

（2）图 6-3(d)～(f)、图 6-4(d)～(f)、图 6-5(d)～(f)所示是固定区间平滑。在固定区间平滑算法中，卡尔曼滤波是顺时滤波，它处理数据越多，离开对准结束时刻的时间就越远。而评估的目的是要反算出对准结束时刻的姿态误差，因此在卡尔曼滤波结束后可以离线作卡尔曼平滑处理。平滑处理是逆时的，平滑器的输出是从最终时刻到最初时刻，以便得到最终结果。平滑处理实质上是二次滤波的过程，由于在平滑过程中使用了从最初时刻到最终时刻的所有量测值，因此平滑精度要高于滤波精度。

（3）在固定区间平滑算法中，由于必须存储滤波过程中的状态估计、估计误差均方矩阵、一步预测误差均方矩阵、一步转移矩阵等信息，因此固定区间越长，所使用的量测信息也就越多，所需存储的信息也就越多。

6.2　传递对准参考匹配量的转换和修正

当参考系统选择差分 GPS 或机载主惯导系统时，参考系统输出的速度信息和位置信息，与在准惯性导航坐标系(n_0 系)内观察到的载机的速度信息和位置信息是不一样的，此时就需要对参考系统速度输出和位置输出进行转换与修正[108,109]。

6.2.1　弹载子惯性导航系统力学编排

准惯性坐标系(n_0 系)的原点与地球固连，x、y、z 三轴在惯性空间指向不变。设弹载子惯导建立的导航坐标系为准惯性坐标系(n_0 系)，在传递对准开始时刻，准惯性坐标系(n_0 系)与地理坐标系(g 系)重合。

设载机的位置向量为 $\boldsymbol{R}_M$(自地心向机载主惯导加速度计质量块质心或机载 GPS 天线所引的向量)，载机在准惯性坐标系(n_0 系)内的位置向量为 $\boldsymbol{r}_m$，准惯性坐标系(n_0 系)原点的位置向量为 $\boldsymbol{R}_0$，如图 6-6 所示。

由图 6-6 可知

$$\boldsymbol{R}_M = \boldsymbol{R}_0 + \boldsymbol{r}_m \tag{6.1}$$

将上式两边相对 i 系求导，并应用哥氏定理，得

$$\frac{\mathrm{d}\boldsymbol{R}_M}{\mathrm{d}t}\bigg|_i = \frac{\mathrm{d}\boldsymbol{R}_0}{\mathrm{d}t}\bigg|_i + \frac{\mathrm{d}\boldsymbol{r}_m}{\mathrm{d}t}\bigg|_i = \frac{\mathrm{d}\boldsymbol{R}_0}{\mathrm{d}t}\bigg|_i + \frac{\mathrm{d}\boldsymbol{r}_m}{\mathrm{d}t}\bigg|_{n_0} + \boldsymbol{\omega}_{in_0} \times \boldsymbol{r}_m \tag{6.2}$$

由于准惯性坐标系(n_0 系)各轴的指向相对于惯性空间始终保持不变，即

$$\boldsymbol{\omega}_{in_0} = \boldsymbol{0}$$

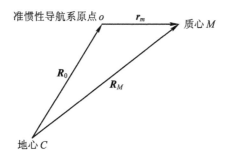

图 6-6　位置向量 $\boldsymbol{R}_M$、$\boldsymbol{r}_m$、$\boldsymbol{R}_0$ 间的关系

将式(6.2)两边相对惯性空间再求一次导数，可得

$$\frac{\mathrm{d}\boldsymbol{R}_M^2}{\mathrm{d}t^2}\bigg|_i = \frac{\mathrm{d}\boldsymbol{R}_0^2}{\mathrm{d}t^2}\bigg|_i + \frac{\mathrm{d}\boldsymbol{r}_m^2}{\mathrm{d}t^2}\bigg|_{n_0} \tag{6.3}$$

由牛顿第二定律知

$$m\frac{\mathrm{d}^2\boldsymbol{R}_M}{\mathrm{d}t^2}\bigg|_i = \boldsymbol{F} + \boldsymbol{P} \tag{6.4}$$

其中，$\boldsymbol{F}$ 为作用在加速度计质量块上的约束力；$\boldsymbol{P}$ 为作用在质量块上的万有引力；m 为质量块的质量。式(6.4)两边同除以 m 后，再代入式(6.3)，则得

$$\boldsymbol{f} + \boldsymbol{G} = \frac{\mathrm{d}^2\boldsymbol{R}_0}{\mathrm{d}t^2}\bigg|_i + \frac{\mathrm{d}^2\boldsymbol{r}_m}{\mathrm{d}t^2}\bigg|_i$$

即

$$\frac{\mathrm{d}^2\boldsymbol{r}_m}{\mathrm{d}t^2}\bigg|_i = \boldsymbol{f} + \boldsymbol{G} - \frac{\mathrm{d}^2\boldsymbol{R}_0}{\mathrm{d}t^2}\bigg|_i \tag{6.5}$$

其中，$\boldsymbol{G}=\dfrac{\boldsymbol{P}}{m}$ 为地球引力加速度；$\boldsymbol{f}=\dfrac{\boldsymbol{F}}{m}$ 为比力；$\dfrac{\mathrm{d}^2\boldsymbol{R}_0}{\mathrm{d}t^2}\bigg|_i$ 是原点随地球旋转所产生的向心加速度。

若导弹飞行瞬时所在地的地球旋转向心加速度由原点随地球旋转所产生的向心加速度所代替，则当导弹沿子午线飞行时，由 $\dfrac{\mathrm{d}^2\boldsymbol{R}_0}{\mathrm{d}t^2}\bigg|_i$ 所引起的误差最大。

假设导弹沿子午线飞行 2 min，飞行距离为 100 km，则在 2 min 末的最大

加速度偏差为

$$\delta a = R \cos L_0 \omega_{ie}^2 - R \cos(L_0 + \delta L) \omega_{ie}^2 = R \omega_{ie}^2 \delta L \sin L_0$$

其中，R 为地球半径；ω_{ie} 为地球自转角速度；L_0 为 n_0 系原点的纬度。设 $L_0 = 30°$，则

$$\delta a = 6\ 378\ 160 \times (7.292\ 115\ 146\ 7e-5)^2 \times \frac{100\ 000}{6\ 371\ 000} \sin 30° = 2.2155 \times 10^{-5} g$$

这一最大误差远小于弹载子惯导常值偏置误差，因此可以用 $\left. \dfrac{\mathrm{d}^2 \boldsymbol{R}_0}{\mathrm{d}t^2} \right|_i$ 近似代替弹体飞行瞬时所在地的地球旋转向心加速度 $\boldsymbol{f}_c$。

由于地球上任一点的重力加速度 $\boldsymbol{g}$ 和向心加速度 $\boldsymbol{f}_c$ 是该点处引力加速度的两个分量，即

$$\boldsymbol{G} = \boldsymbol{f}_c + \boldsymbol{g} = \frac{\mathrm{d}^2 \boldsymbol{R}_0}{\mathrm{d}t^2} + \boldsymbol{g} \tag{6.6}$$

将式(6.6)代入式(6.5)可得

$$\left. \frac{\mathrm{d}^2 \boldsymbol{r}_m}{\mathrm{d}t^2} \right|_i = \boldsymbol{f} + \boldsymbol{g} \tag{6.7}$$

即弹载子惯导系统的力学编排方程。

6.2.2 参考系统速度输出的转换和修正

设导航坐标系(n 系)取为地理坐标系(g 系)，对公式(6.1)两边相对准惯性坐标系(n_0 系)求变化率，应用哥氏定理，得

$$\left. \frac{\mathrm{d}\boldsymbol{r}_m}{\mathrm{d}t} \right|_{n_0} = \left. \frac{\mathrm{d}\boldsymbol{R}_M}{\mathrm{d}t} \right|_e + \boldsymbol{\omega}_{n_0 e} \times \boldsymbol{R}_M - \left(\left. \frac{\mathrm{d}\boldsymbol{R}_0}{\mathrm{d}t} \right|_e + \boldsymbol{\omega}_{n_0 e} \times \boldsymbol{R}_0 \right)$$

其中，$\left. \dfrac{\mathrm{d}\boldsymbol{R}_M}{\mathrm{d}t} \right|_e$ 即为载机的地速 $\boldsymbol{V}_e$，因为准惯性坐标系 n_0 的原点相对地球是固定不变的，$\boldsymbol{R}_0$ 在地球坐标系(e 系)内固定不变，所以 $\left. \dfrac{\mathrm{d}\boldsymbol{R}_0}{\mathrm{d}t} \right|_e = 0$。由此可得载机的速度 $\boldsymbol{V}_{n_0}$ 为

$$V_{n_0} = \left.\frac{\mathrm{d}\boldsymbol{r}_m}{\mathrm{d}t}\right|_{n_0} = \boldsymbol{V}_e + \boldsymbol{\omega}_{n_0 e} \times (\boldsymbol{R}_0 + \boldsymbol{r}_m) - \boldsymbol{\omega}_{n_0 e} \times \boldsymbol{R}_0$$

$$= \boldsymbol{V}_e + \boldsymbol{\omega}_{n_0 e} \times \boldsymbol{r}_m \tag{6.8}$$

式(6.8)说明，参考系统输出的载机地速必须经过 $\boldsymbol{\omega}_{n_0 e} \times \boldsymbol{r}_M$ 的修正后才能作为载机在导航坐标系（n_0 系）内的速度。式(6.8)在 n_0 系中的投影形式可写为

$$\boldsymbol{V}_{n_0}^{n_0} = \boldsymbol{C}_n^{n_0}(\boldsymbol{V}_e^n + \boldsymbol{\omega}_{n_0 e}^n \times \boldsymbol{r}_m^n)$$

$$= \boldsymbol{C}_n^{n_0}(\boldsymbol{V}_e^n + \boldsymbol{C}_e^n \boldsymbol{\omega}_{n_0 e}^e \times \boldsymbol{r}_m^n)$$

$$= \boldsymbol{C}_n^{n_0}\boldsymbol{V}_e^n + \boldsymbol{C}_n^{n_0}\boldsymbol{C}_e^n \boldsymbol{\omega}_{n_0 e}^e \times \boldsymbol{r}_m^{n_0} \tag{6.9}$$

由于 $\boldsymbol{\omega}_{n_0 e}^e = \boldsymbol{\omega}_{ie}^e$ ，因此式(6.9)可以改写为

$$\boldsymbol{V}_{n_0}^{n_0} = \boldsymbol{C}_n^{n_0}\boldsymbol{V}_e^n - \boldsymbol{r}_m^{n_0} \times (\boldsymbol{C}_n^{n_0}\boldsymbol{C}_e^n \boldsymbol{\omega}_{ie}^e) \tag{6.10}$$

设载机的瞬时飞行速度沿东、北、天方向的分量分别为 V_E、V_N、V_U，载机的瞬时地理坐标值为 (λ, L, h)，则

$$\boldsymbol{C}_e^n = \begin{bmatrix} -\sin\lambda & \cos\lambda & 0 \\ -\sin L \cos\lambda & -\sin L \sin\lambda & \cos L \\ \cos L \cos\lambda & \cos L \sin\lambda & \sin L \end{bmatrix}$$

$$\boldsymbol{C}_n^{n_0} = \begin{bmatrix} 1 & -\mu_{nz} & \mu_{ny} \\ \mu_{nz} & 1 & -\mu_{nx} \\ -\mu_{ny} & \mu_{nx} & 1 \end{bmatrix}$$

其中，$\boldsymbol{\mu}_n = \begin{bmatrix} \mu_{nx} & \mu_{ny} & \mu_{nz} \end{bmatrix}^{\mathrm{T}}$ 为 n 系相对 n_0 系的偏角，其微分方程为

$$\dot{\boldsymbol{\mu}}_n = \boldsymbol{\mu}_n \times (\boldsymbol{\omega}_{ie}^n + \boldsymbol{\omega}_{en}^n)$$

$$\boldsymbol{C}_n^{n_0}\boldsymbol{C}_e^n = \begin{bmatrix} 1 & -\mu_{nz} & \mu_{ny} \\ \mu_{nz} & 1 & -\mu_{nx} \\ -\mu_{ny} & \mu_{nx} & 1 \end{bmatrix} \begin{bmatrix} -\sin\lambda & \cos\lambda & 0 \\ -\sin L \cos\lambda & -\sin L \sin\lambda & \cos L \\ \cos L \cos\lambda & \cos L \sin\lambda & \sin L \end{bmatrix}$$

$$= \begin{bmatrix} -\sin\lambda + \mu_{nz}\sin L \cos\lambda + \mu_{ny}\cos L\cos\lambda & \cos\lambda + \mu_{nz}\sin L \sin\lambda + \mu_{ny}\cos L \sin\lambda & -\mu_{nz}\cos L + \mu_{ny}\sin L \\ -\mu_{nz}\sin\lambda - \sin L \cos\lambda - \mu_{nx}\cos L \cos\lambda & \mu_{nz}\cos\lambda - \sin L \sin\lambda - \mu_{nx}\cos L \sin\lambda & \cos L - \mu_{nx}\sin L \\ \mu_{nx}\sin\lambda + \mu_{nx}\sin L \cos\lambda + \cos L \cos\lambda & -\mu_{ny}\cos\lambda - \mu_{nx}\sin L \sin\lambda + \cos L \sin\lambda & \mu_{nx}\cos L + \sin L \end{bmatrix}$$

$$= \begin{bmatrix} C_{11} & C_{12} & C_{13} \\ C_{21} & C_{22} & C_{23} \\ C_{31} & C_{32} & C_{33} \end{bmatrix}$$

由此可得

$$\boldsymbol{V}_{n_0}^{n_0} = \begin{bmatrix} 1 & -\mu_{nz} & \mu_{ny} \\ \mu_{nz} & 1 & -\mu_{nx} \\ -\mu_{ny} & \mu_{nx} & 1 \end{bmatrix} \begin{bmatrix} V_E \\ V_N \\ V_U \end{bmatrix} - \begin{bmatrix} 0 & -r_{mz} & r_{my} \\ r_{mz} & 0 & -r_{mx} \\ -r_{my} & r_{mx} & 0 \end{bmatrix} \begin{bmatrix} C_{11} & C_{12} & C_{13} \\ C_{21} & C_{22} & C_{23} \\ C_{31} & C_{32} & C_{33} \end{bmatrix} \begin{bmatrix} 0 \\ 0 \\ \omega_{ie} \end{bmatrix}$$

$$= \begin{bmatrix} V_E - \mu_{nz} V_N + \mu_{ny} V_U \\ \mu_{nz} V_E + V_N - \mu_{nx} V_U \\ -\mu_{ny} V_E + \mu_{nx} V_N + V_U \end{bmatrix} - \begin{bmatrix} (-r_{mz} C_{23} + r_{my} C_{33}) \omega_{ie} \\ (r_{mz} C_{13} - r_{mx} C_{33}) \omega_{ie} \\ (-r_{my} C_{13} + r_{mx} C_{23}) \omega_{ie} \end{bmatrix}$$

$$= \begin{bmatrix} V_E - \mu_{nz} V_N + \mu_{ny} V_U - (-r_{mz} C_{23} + r_{my} C_{33}) \omega_{ie} \\ \mu_{nz} V_E + V_N - \mu_{nx} V_U - (r_{mz} C_{13} - r_{mx} C_{33}) \omega_{ie} \\ -\mu_{ny} V_E + \mu_{nx} V_N + V_U - (-r_{my} C_{13} + r_{mx} C_{23}) \omega_{ie} \end{bmatrix} \tag{6.11}$$

式(6.11)即为参考系统速度输出的转换与修正方程。

6.2.3 参考系统位置输出的转换和修正

参考系统给出的位置信息是在 WGS-84 椭球面上的经度、纬度和高度值。设准惯性坐标系(n_0 系)原点的地理坐标值为(λ_0, L_0, h_0),载机的瞬时位置的地理坐标值为(λ, L, h),相应的位置向量分别为 $\boldsymbol{R}_0$ 和 $\boldsymbol{R}_M$,则 $\boldsymbol{R}_0$ 和 $\boldsymbol{R}_M$ 在地球坐标系(e 系)内的投影分别为

$$\boldsymbol{R}_0^e = \begin{bmatrix} (R_{N_0} + h_0) \cos L_0 \cos \lambda_0 \\ (R_{N_0} + h_0) \cos L_0 \sin \lambda_0 \\ (R_{N_0} + h_0) \sin L_0 \end{bmatrix}, \quad \boldsymbol{R}_M^e = \begin{bmatrix} (R_N + h) \cos L \cos \lambda \\ (R_N + h) \cos L \sin \lambda \\ (R_N + h) \sin L \end{bmatrix}$$

$$\boldsymbol{r}_m^e = (\boldsymbol{R}_M^e - \boldsymbol{R}_0^e) = \begin{bmatrix} (R_N + h)\cos L \ \cos\lambda - (R_{N_0} + h_0)\cos L_0 \ \cos\lambda_0 \\ (R_N + h)\cos L \ \sin\lambda - (R_{N_0} + h_0)\cos L_0 \ \sin\lambda_0 \\ (R_N + h)\sin L - (R_{N_0} + h_0)\sin L_0 \end{bmatrix} = \begin{bmatrix} r_{mx} \\ r_{my} \\ r_{mz} \end{bmatrix}$$

$$(6.12)$$

载机在准惯性坐标系(n_0 系)内的位置向量 $\boldsymbol{r}_m$ 在 n_0 系内的投影为

$$\boldsymbol{r}_m^{n_0} = \boldsymbol{C}_e^{n_0}(\boldsymbol{R}_M^e - \boldsymbol{R}_0^e)$$

$$= \begin{bmatrix} -r_{mx}\sin\lambda_0 + r_{my}\cos\lambda_0 \\ -r_{mx}\sin L_0 \ \cos\lambda_0 - r_{my}\sin L_0 \ \sin\lambda + r_{mz}\cos L_0 \\ r_{mx}\cos L_0 \ \cos\lambda_0 + r_{my}\cos L_0 \ \sin\lambda_0 + r_{mz}\sin L_0 \end{bmatrix}$$

$$(6.13)$$

式(6.13)即为参考系统位置输出的转换与修正方程。

6.3　弹载光纤捷联惯性导航系统误差模型

弹载子惯导系统采用的惯性元器件通常为光纤陀螺。光纤陀螺是光学陀螺的一种(其原理与环形激光陀螺相同)，是检测角速度的传感器，而且检测光源也是激光源。

6.3.1　姿态误差方程

弹载光纤捷联惯性导航系统以准惯性导航坐标系(n_0 系)作为导航坐标系，则弹载光纤捷联惯性导航系统的方向余弦微分方程如下：

$$\dot{\boldsymbol{C}}_{b_s}^{n_0} = \boldsymbol{C}_{b_s}^{n_0}[\boldsymbol{\omega}_{n_0 b_s}^{b_s} \times] = \boldsymbol{C}_{b_s}^{n_0}(\boldsymbol{\omega}_{ib_s}^{b_s} - \boldsymbol{C}_{n_0}^{b_s}\boldsymbol{\omega}_{in_0})$$

其中，$\boldsymbol{C}_{b_s}^{n_0}$ 为弹体姿态矩阵；$\boldsymbol{\omega}_{ib_s}^{b_s}$ 为弹体角速度。

由于准惯性坐标系(n_0 系)各轴的指向相对惯性空间始终保持不变，即 $\boldsymbol{\omega}_{in_0} = \boldsymbol{0}$，因此可得

$$\dot{\boldsymbol{C}}_{b_s}^{n_0} = \boldsymbol{C}_{b_s}^{n_0} [\boldsymbol{\omega}_{ib_s}^{b_s} \times] \tag{6.14}$$

设陀螺漂移为 ε，刻度系数误差矩阵为 $\delta\boldsymbol{K}_G = \mathrm{diag}(\delta K_{Gx}, \delta K_{Gy}, \delta K_{Gz})$，所以实际陀螺输出的载体角速度为

$$\hat{\boldsymbol{\omega}}_{ib_s}^{b_s} = (\boldsymbol{I} + \delta\boldsymbol{K}_G)(\boldsymbol{\omega}_{ib_s}^{b_s} + \boldsymbol{\varepsilon}^{b_s}) = \boldsymbol{\omega}_{ib_s}^{b_s} + \delta\boldsymbol{K}_G\boldsymbol{\omega}_{ib_s}^{b_s} + \boldsymbol{\varepsilon}^{b_s} = \boldsymbol{\omega}_{ib_s}^{b_s} + \tilde{\boldsymbol{\varepsilon}}^{b_s}$$

式中，$\tilde{\boldsymbol{\varepsilon}}^{b_s} = \delta\boldsymbol{K}_A\boldsymbol{\omega}_{ib_s}^{b_s} + \boldsymbol{\varepsilon}^{b_s}$ 为弹载子惯导陀螺等效漂移。

由于弹载子惯导陀螺输出值并非理想的，其中存在漂移误差，因此姿态矩阵计算也存在误差。设计算得到的弹载子惯导系统的导航坐标系为 n_0' 系，定义 n_0' 系相对准惯性坐标系（n_0 系）的姿态误差角为 φ^{n_0}，则

$$\boldsymbol{C}_{b_s}^{n_0'} = \boldsymbol{C}_{n_0}^{n_0'}\boldsymbol{C}_{b_s}^{n_0} = (\boldsymbol{I} - [\boldsymbol{\varphi}^{n_0} \times])\boldsymbol{C}_{b_s}^{n_0} \tag{6.15}$$

令

$$\delta\boldsymbol{C}_{b_s}^{n_0} = \boldsymbol{C}_{b_s}^{n_0'} - \boldsymbol{C}_{b_s}^{n_0} = -[\boldsymbol{\varphi}^{n_0} \times]\boldsymbol{C}_{b_s}^{n_0} \tag{6.16}$$

对式（6.16）两边求导，得

$$\delta\dot{\boldsymbol{C}}_{b_s}^{n_0} = -[\dot{\boldsymbol{\varphi}}^{n_0} \times]\boldsymbol{C}_{b_s}^{n_0} - [\boldsymbol{\varphi}^{n_0} \times]\dot{\boldsymbol{C}}_{b_s}^{n_0} \tag{6.17}$$

则弹载光纤捷联惯性导航系统的方向余弦微分方程可改写为

$$\begin{aligned}
\dot{\boldsymbol{C}}_{b_s}^{n_0} + \delta\dot{\boldsymbol{C}}_{b_s}^{n_0} &= \boldsymbol{C}_{n_0}^{n_0'}\boldsymbol{C}_{b_s}^{n_0}[\hat{\boldsymbol{\omega}}_{ib_s}^{b_s} \times] \\
&= (\boldsymbol{I} - [\boldsymbol{\varphi}^{n_0} \times])\boldsymbol{C}_{b_s}^{n_0}[(\boldsymbol{\omega}_{ib_s}^{b_s} + \tilde{\boldsymbol{\varepsilon}}^{b_s}) \times] \\
&= \boldsymbol{C}_{b_s}^{n_0}[(\boldsymbol{\omega}_{ib_s}^{b_s} + \tilde{\boldsymbol{\varepsilon}}^{b_s}) \times] - [\boldsymbol{\varphi}^{n_0} \times]\boldsymbol{C}_{b_s}^{n_0}[(\boldsymbol{\omega}_{ib_s}^{b_s} + \tilde{\boldsymbol{\varepsilon}}^{b_s}) \times]
\end{aligned} \tag{6.18}$$

将式（6.14）与式（6.17）代入式（6.18）的左端，并略去误差的二阶小量，整理可得

$$-[\dot{\boldsymbol{\varphi}}^{n_0} \times]\boldsymbol{C}_{b_s}^{n_0} = \boldsymbol{C}_{b_s}^{n_0}[\tilde{\boldsymbol{\varepsilon}}^{b_s} \times] \tag{6.19}$$

将式（6.19）两边右乘 $\boldsymbol{C}_{n_0}^{b_s}$ 后进行整理，并考虑 $\boldsymbol{C}_{b_s}^{n_0}[\tilde{\boldsymbol{\varepsilon}}^{b_s} \times]\boldsymbol{C}_{n_0}^{b_s} = [(\boldsymbol{C}_{b_s}^{n_0}\tilde{\boldsymbol{\varepsilon}}^{b_s}) \times]$，有

$$\dot{\boldsymbol{\varphi}}^{n_0} = -\boldsymbol{C}_{b_s}^{n_0}\tilde{\boldsymbol{\varepsilon}}^{b_s} \tag{6.20}$$

式（6.20）即为弹载光纤捷联惯导系统的姿态误差方程。

6.3.2　速度误差方程

将式(6.20)向准惯性坐标系(n_0 系)内投影,可得

$$\dot{\boldsymbol{V}}^{n_0} = \boldsymbol{f}^{n_0} + \boldsymbol{g}^{n_0}$$

设计算得到的弹载子惯导系统的导航坐标系为 n'_0 系,定义 n'_0 系相对准惯性坐标系(n_0 系)的姿态误差角为 $\boldsymbol{\varphi}^{n_0}$,加速度计漂移为 ∇,刻度系数误差矩阵为 $\delta\boldsymbol{K}_A = \mathrm{diag}(\delta K_{Ax}, \delta K_{Ay}, \delta K_{Az})$,所以实际加速度计的输出为

$$\widetilde{\boldsymbol{f}}^{n'_0} = \boldsymbol{C}_{b_s}^{n'_0}(\boldsymbol{f}^{b_s} + \widetilde{\nabla}^{b_s}) \tag{6.21}$$

式中,$\widetilde{\nabla}^b = \delta\boldsymbol{K}_A f^b + \nabla^b$为加速度计等效漂移。

$$\begin{aligned}
\widetilde{\boldsymbol{f}}^{n'_0} &= \boldsymbol{C}_{b_s}^{n'_0}(\boldsymbol{f}^{b_s} + \widetilde{\nabla}^{b_s}) \\
&= \boldsymbol{C}_{n_0}^{n'_0}\boldsymbol{C}_{b_s}^{n_0}(\boldsymbol{f}^{b_s} + \widetilde{\nabla}^{b_s}) \\
&= (\boldsymbol{I} - [\boldsymbol{\varphi}^{n_0} \times])\boldsymbol{C}_{b_s}^{n_0}(\boldsymbol{f}^{b_s} + \widetilde{\nabla}^{b_s}) \\
&= \boldsymbol{C}_{b_s}^{n_0}\boldsymbol{f}^{b_s} + (\boldsymbol{C}_{b_s}^{n_0}\boldsymbol{f}^{b_s}) \times \boldsymbol{\varphi}^{n_0} + \boldsymbol{C}_{b_s}^{n_0}\nabla^{b_s}
\end{aligned}$$

设速度误差为 $\delta\boldsymbol{V}^{n_0}$,则

$$\delta\dot{\boldsymbol{V}}^{n_0} = (\boldsymbol{C}_{b_s}^{n_0}\boldsymbol{f}^{b_s}) \times \boldsymbol{\varphi}^{n_0} + \boldsymbol{C}_{b_s}^{n_0}\nabla^{b_s} \tag{6.22}$$

式(6.22)为弹载光纤捷联惯导系统的速度误差方程。

6.3.3　位置误差方程

弹载光纤捷联子惯导系统的定位计算如下:

$$\dot{\boldsymbol{P}} = \boldsymbol{V} \tag{6.23}$$

相应的定位误差方程为

$$\delta\dot{\boldsymbol{P}} = \delta\boldsymbol{V} \tag{6.24}$$

式(6.24)为弹载捷联子惯导系统的位置误差方程。

6.3.4　惯性器件误差模型方程

弹载光纤捷联惯导系统所用的陀螺为光纤陀螺，光纤陀螺具有两个重要的漂移分量，即随机常值分量 ε_b 和随机游走分量 W_ε。随机游走分量是体现在角增量测量上的误差，若体现在角速度上，则该误差分量是白噪声。

光纤陀螺仪的常值漂移微分方程为

$$\dot{\boldsymbol{\varepsilon}}_b^{b_s} = \mathbf{0}$$

加速度计常值偏置误差 $\nabla_b^{b_s}$ 的微分方程为

$$\dot{\nabla}_b^{b_s} = \mathbf{0}$$

6.4　传递对准半实物仿真实验

传递对准的半实物仿真实验是指载机的运动状态以及惯性器件的输出不再由仿真器模拟输出，而是实际的惯性导航系统中实际采集的陀螺仪和加速度计的数据。传递对准过程是将所需的数据保存后离线进行的。本实验的主要目的是为了验证速度匹配、姿态匹配以及速度＋姿态匹配传递对准方法的有效性。

6.4.1　实验设备安装图

图 6-7 为传递对准评估实验设备图，1 为激光捷联（主）惯性导航系统，2 为光纤捷联（子）惯性导航系统，3 为双位置转台。激光捷联（主）惯性导航系统为高精度导航系统，是传递对准中的机载主惯导；光纤捷联（子）惯性导航系统为中等精度导航系统，是传递对准中的弹载子惯导，两者通过底盘安装在双位置转台上，以实现各种机动方式。激光捷联（主）惯性导航系统与光纤捷联（子）惯性导航系统安装位置为 x 轴指向南、y 轴指向东、z 轴指向天，φ_E 为横滚轴，φ_N 为俯仰轴，φ_U 为航向轴。

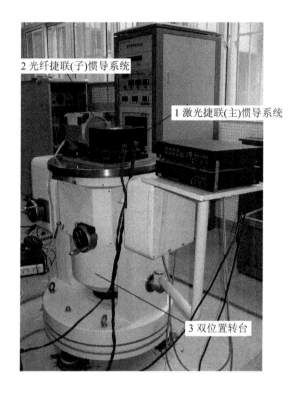

图 6-7　实验设备图

6.4.2　实验机动轨迹

在机载战术武器传递对准中，匀速平飞和加速平飞模式下状态变量的可观测性改善缓慢，而转弯机动和正弦机动可有效改善状态变量的可观测性。考虑到机动实现的简易性，本实验采用了摇翼机动，摇翼机动时间为 25 s，传递对准初始位置为北纬 34.030 06°、东经 108.764 05°，海拔高度 448 m，初始时刻航向角为 −90°，俯仰角为 0°，横滚角为 0°。在速度匹配中，量测量为机载主惯导系统与弹载子惯导系统的速度之差，因此可以假设传递对准时刻飞机的飞行高度为 7000 m，飞行速度为 230 m/s，以便在静态环境下实现速度匹配的半实物仿真实验。传递对准摇翼实验运动轨迹的转台验证角机动设置如表 6-1 所示。

表 6 - 1　转台验证角机动设置

阶段	航行动作	起始时间/s	持续时间/s	航向角变化率 $\dot{\psi}/(°)/s$	俯仰角变化率 $\dot{\theta}/(°)/s$	横滚角变化率 $\dot{\gamma}/(°)/s$	加速度(m/s²) 初速度(m/s)
1	匀速平飞	0	572	0	0	0	0/230
2	左倾	572	577	0	0	—6	0/230
3	回位	577	582	0	0	6	0/230
4	右倾	587	592	0	0	6	0/230
5	回位	592	597	0	0	—6	0/230
6	匀速平飞	597	900	0	0	0	0/230

传递对准摇翼姿态角变化实验轨迹如图 6-8 所示。

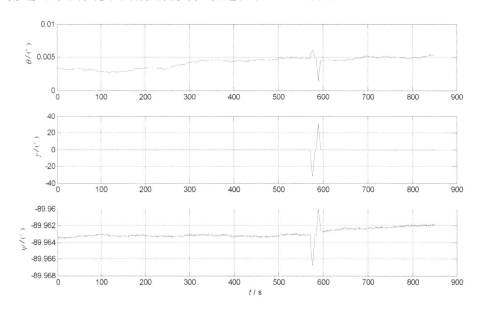

图 6-8　传递对准摇翼姿态角变化实验轨迹图

6.4.3　传递对准半实物仿真实验分析

　　机载战术武器传递对准系统建模是一项基础而又重要的工作，为此需要构建广域高阶导航误差模型，以解决当前的传递对准误差模型不准和不全的问题。本节采用数学建模、数字仿真和半物理仿真的手段，逐步验证所提出的机载战术武器传递对准方法的有效性。

1. 安装误差角与弹载子惯导姿态矩阵之间的关系

传递对准的目的就是确定机载主惯导与弹载子惯导之间的失准角 φ_x、φ_y、φ_z，从而确定子惯导的姿态矩阵 $\boldsymbol{C}_{b_s}^n$。

设实际建立的导航坐标系(n' 系)偏离理想导航坐标系(n 系)的失准角为 $\boldsymbol{\varphi} = \begin{bmatrix} \varphi_x & \varphi_y & \varphi_z \end{bmatrix}^T$，主惯导与子惯导之间的安装误差角为 $\boldsymbol{\mu}^{b_f} = \begin{bmatrix} \mu_x^{b_f} & \mu_y^{b_f} & \mu_z^{b_f} \end{bmatrix}^T$。当安装误差角与失准角都为小角度时，有

$$\boldsymbol{C}_{b}^{b_s} = \boldsymbol{I} - \begin{bmatrix} \boldsymbol{\mu}^{b_f} \times \end{bmatrix}, \quad \boldsymbol{C}_{n}^{n'} = \boldsymbol{I} - \begin{bmatrix} \boldsymbol{\varphi} \times \end{bmatrix}$$

其中

$$\begin{bmatrix} \boldsymbol{\mu}^{b_f} \times \end{bmatrix} = \begin{bmatrix} 0 & -\mu_z^{b_f} & \mu_y^{b_f} \\ \mu_z^{b_f} & 0 & -\mu_x^{b_f} \\ -\mu_y^{b_f} & \mu_x^{b_f} & 0 \end{bmatrix}, \begin{bmatrix} \boldsymbol{\varphi} \times \end{bmatrix} = \begin{bmatrix} 0 & -\varphi_z & \varphi_y \\ \varphi_z & 0 & -\varphi_x \\ -\varphi_y & \varphi_x & 0 \end{bmatrix}$$

因为 $\boldsymbol{C}_n^{n'} = \boldsymbol{C}_{b_s}^{n'} \cdot \boldsymbol{C}_n^{b_s} = \boldsymbol{C}_{b_s}^{n'} \cdot \boldsymbol{C}_b^{b_s} \cdot \boldsymbol{C}_n^b$，所以

$$\boldsymbol{I} - \begin{bmatrix} \boldsymbol{\varphi} \times \end{bmatrix} = \boldsymbol{C}_{b_s}^{n'} \cdot (\boldsymbol{I} - \begin{bmatrix} \boldsymbol{\mu}^{b_f} \times \end{bmatrix}) \cdot \boldsymbol{C}_n^b$$

在传递对准开始时刻，通常是将机载主惯导的姿态矩阵作为弹载子惯导的初始姿态矩阵，即 $\boldsymbol{C}_{b_s}^{n'}(t_0) = \boldsymbol{C}_b^n(t_0)$，由此可得

$$\begin{bmatrix} \boldsymbol{\varphi} \times \end{bmatrix} = \boldsymbol{C}_b^n \begin{bmatrix} \boldsymbol{\mu}^{b_f} \times \end{bmatrix} (\boldsymbol{C}_b^n)^{-1}$$

所以

$$\begin{aligned} \boldsymbol{C}_{b_s}^n &= \boldsymbol{C}_{n'}^n \boldsymbol{C}_{b_s}^{n'} = (\boldsymbol{I} + \begin{bmatrix} \boldsymbol{\varphi} \times \end{bmatrix}) \boldsymbol{C}_{b_s}^{n'} \\ &= (\boldsymbol{I} + \boldsymbol{C}_b^n \begin{bmatrix} \boldsymbol{\mu}^{b_f} \times \end{bmatrix} (\boldsymbol{C}_b^n)^{-1}) \boldsymbol{C}_{b_s}^{n'} \end{aligned}$$

2. 速度匹配半实物仿真

速度匹配是将机载主惯导提供的速度信息与弹载子惯导的速度信息之差作为观测量。

1）速度匹配无安装误差的传递对准

速度匹配是传递对准基本的匹配方式，弹体安装时的机械误差，会对传递对准精度带来影响，当速度匹配不考虑安装误差时，半实物仿真结果如图 6-9 所示。

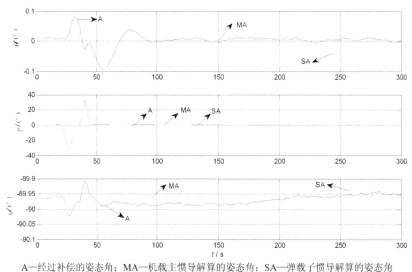

A—经过补偿的姿态角；MA—机载主惯导解算的姿态角；SA—弹载子惯导解算的姿态角

(a) 无安装误差速度匹配的姿态角

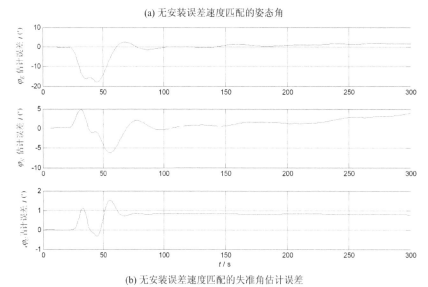

(b) 无安装误差速度匹配的失准角估计误差

图 6-9　速度匹配无安装误差的半实物仿真图

由图 6-9 可以看出，在没有任何初始误差存在的情况下，速度匹配传递对准的水平姿态估计误差在 10′ 以内，而天向姿态估计误差无法估计。

2）速度匹配存在安装误差角的传递对准

实际工程应用中，弹体安装总是存在一定的机械误差，假设在半实物仿真中弹体安装误差角向量为 [1° 2° 3°]，仿真结果如图 6-10 所示。

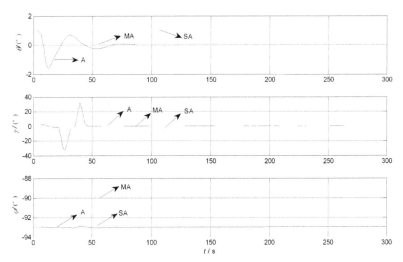

A—经过补偿的姿态角；MA—机载主惯导解算的姿态角；SA—弹载了惯导解算的姿态角

(a) 具有安装误差速度匹配的姿态角

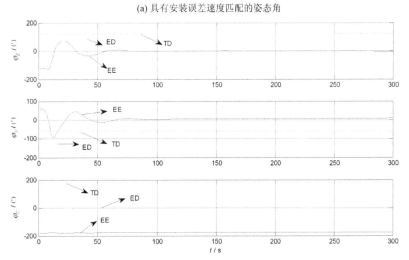

EE—估计误差值；TD—误差真值；ED—误差估计值

(b) 具有安装误差速度匹配的失准角

图 6-10　速度匹配存在安装误差的半实物仿真图

由图 6 - 10 可以看出，当存在安装误差角时，速度匹配传递对准可以准确估计出水平姿态角，而天向姿态角无法估计。

3. 姿态匹配半实物仿真

姿态匹配传递对准是将机载主惯导的高精度姿态信息与弹载子惯导姿态信息之差作为观测量。

1）姿态匹配无安装误差的传递对准

同速度匹配类似，弹体安装时的机械误差，也会对传递对准精度带来影响，当姿态匹配不考虑安装误差时，半实物仿真结果如图 6 - 11 所示。

由图 6 - 11 可以看出，在没有任何初始误差存在的情况下，姿态匹配传递对准的航向姿态估计误差与俯仰姿态估计误差在 5′以内，而横滚姿态估计误差无法估计。

2）姿态匹配存在安装误差角的传递对准

假设半实物仿真中弹体安装误差角为 $[1°，2°，3°]$，仿真结果如图 6 - 12 所示。

由图 6 - 12 可以看出，当存在安装误差角时，姿态匹配传递对准可以准确估计出航向姿态角与俯仰姿态角，而横滚姿态角无法估计。

4. 速度＋姿态匹配半实物仿真

采用速度匹配方案进行传递对准，子惯导（机载主惯导）的姿态误差角不直接反映在量测量中，而是通过速度误差方程耦合到速度误差中去，才能对姿态误差角进行间接观测。姿态匹配传递对准在估计航向误差时，需要载机的俯仰轴或横滚轴方向有角速度输出。

1）速度＋姿态匹配无安装误差的传递对准

当速度＋姿态匹配不考虑安装误差时，半实物仿真结果如图 6 - 13 所示。

由图 6 - 13 可以看出，在没有任何初始误差存在的情况下，速度＋姿态匹配传递对准的三个姿态估计误差都在 5′以内。

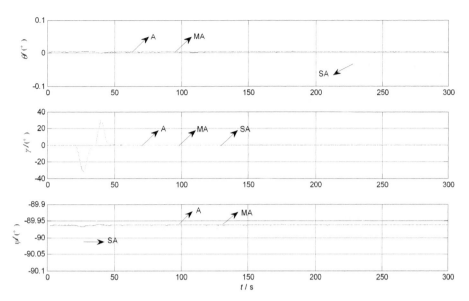

A—经过补偿的姿态角；MA—机载主惯导解算的姿态角；SA—弹载子惯导解算的姿态角

(a) 无安装误差姿态匹配的姿态角

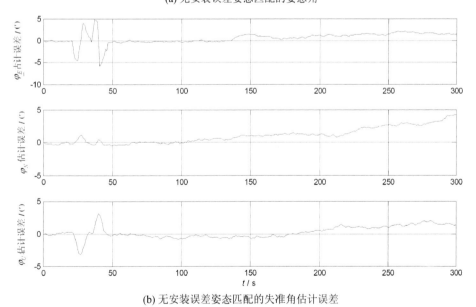

(b) 无安装误差姿态匹配的失准角估计误差

图 6-11　姿态匹配无安装误差的半实物仿真图

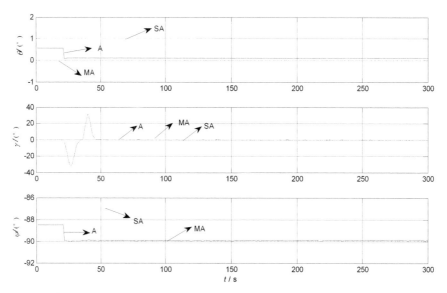

A—经过补偿的姿态角；MA—机载主惯导解算的姿态角；SA—弹载子惯导解算的姿态角

(a) 具有安装误差姿态匹配的姿态角

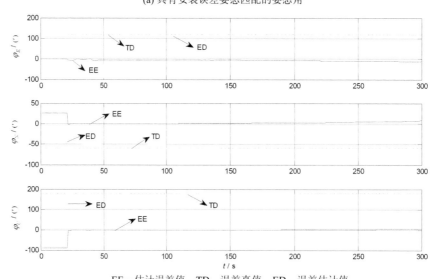

EE—估计误差值；TD—误差真值；ED—误差估计值

(b) 具有安装误差姿态匹配的失准角

图 6-12　姿态匹配存在安装误差角的半实物仿真图

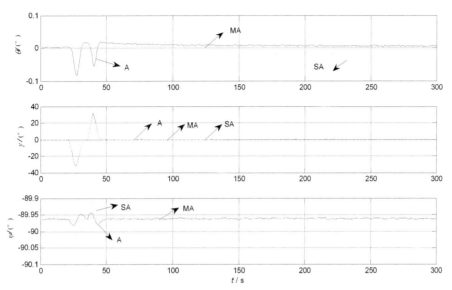

A—经过补偿的姿态角；MA—机载主惯导解算的姿态角；SA—弹载子惯导解算的姿态角

(a) 无安装误差速度＋姿态匹配的姿态角

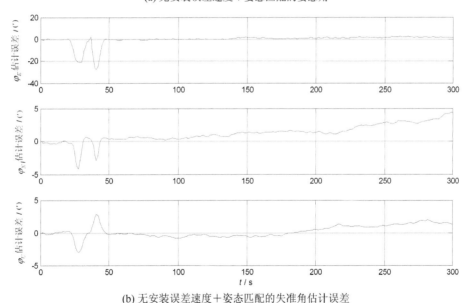

(b) 无安装误差速度＋姿态匹配的失准角估计误差

图 6-13　无安装误差速度＋姿态无安装误差的半实物仿真

2) 速度＋姿态匹配存在安装误差角的传递对准

假设半实物仿真中弹体安装误差角为$[1°, 2°, 3°]$，仿真结果如图 6-14 所示。

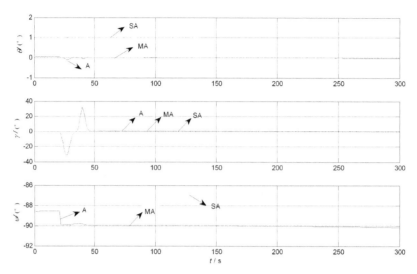

A—经过补偿的姿态角；MA—机载主惯导解算的姿态角；SA—弹载子惯导解算的姿态角

(a) 具有安装误差速度＋姿态匹配的姿态角

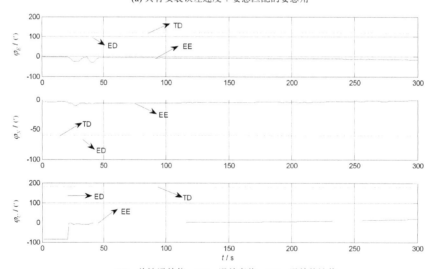

EE—估计误差值；TD—误差真值；ED—误差估计值

(b) 具有安装误差速度＋姿态匹配的失准角

图 6-14　存在安装误差速度＋姿态匹配的半实物仿真

由图 6 - 14 可以看出，当存在安装误差角时，速度＋姿态匹配传递对准可以准确估计出三个姿态角。

5. 半实物仿真实验结果分析

速度匹配传递对准、姿态匹配传递对准以及速度＋姿态匹配传递对准半实物仿真实验结果与理论推导仿真的结果一致，说明速度匹配、姿态匹配以及速度＋姿态匹配传递对准方法是可行的。

6.5　传递对准评估分析

传递对准结束时刻的对准误差，即传递对准所建立起来的弹载子惯导的导航坐标系偏离导航坐标系的姿态误差角、初始速度误差和初始位置误差，这些误差将在弹载子惯导的导航误差中起主要作用。若选择某一导航系统作为参考系统，以弹载子惯导的某一导航输出与该参考系统的相应导航输出之差作为量测量，则在该量测量中包含有初始误差的全部信息。采用卡尔曼滤波中的平滑技术可以将这些初始误差估计出来，实现对传递对准精度的评估[108, 110-112]。

6.5.1　评估系统设计

评估空-空导弹弹载子惯导系统对准的精度，需要选择一个参照基准系统，这个参照基准系统可以是机载主惯导，也可以是机载差分 GPS 导航仪（DGPS）。参照基准系统选择与弹载子惯导相同的导航坐标系进行实验，通过对比导航参数，利用卡尔曼滤波对弹载子惯导的初始姿态误差角进行估算，由此得到弹载子惯导系统的对准精度。

机载主惯导作为参考系统优点是：

（1）利用了载机已装备的系统，不必再增加另外的导航系统。

（2）主惯导的加速度输出信息可以直接利用，只需作转换而不必作修正，计算简单易行。

选择机载主惯导作为参照基准系统。设弹载子惯导传递对准完成、导航开始时刻为 t_0，在此时刻弹载子惯导的姿态误差角为 $\boldsymbol{\varphi}^{n_0}(t_0)$，弹载子惯导的速度误差为 $\delta \boldsymbol{V}_e^{n_0}(t_0)$，弹载子惯导的位置误差为 $\delta \boldsymbol{P}^{n_0}(t_0)$。将弹载子惯导输出的导航参数与机载主惯导相应的输出的差值作为量测量，那么，这些量测量的观测数据中将包含弹载子惯导在对准结束以后的全部误差传播信息。

设卡尔曼滤波与平滑器所选取的状态变量为

$$\boldsymbol{X} = \begin{bmatrix} \boldsymbol{\varphi}^{n_0 \mathrm{T}} & \delta \boldsymbol{V}_e^{n_0 \mathrm{T}} & \boldsymbol{\varepsilon}^{b_s \mathrm{T}} & \nabla^{b_s \mathrm{T}} & \boldsymbol{\mu}^{n_0 \mathrm{T}} \end{bmatrix}^{\mathrm{T}}$$

其中，$\boldsymbol{\varphi}^{n_0} = \begin{bmatrix} \varphi_E & \varphi_N & \varphi_U \end{bmatrix}^{\mathrm{T}}$ 为弹载子惯导平台失准角；$\delta \boldsymbol{V}_e^{n_0} = \begin{bmatrix} \delta V_{eE}^{n_0} & \delta V_{eN}^{n_0} & \delta V_{eU}^{n_0} \end{bmatrix}^{\mathrm{T}}$ 为弹载子惯导的速度误差；$\boldsymbol{\varepsilon}^{b_s} = \begin{bmatrix} \varepsilon_{x^s}^{b} & \varepsilon_{y^s}^{b} & \varepsilon_{z^s}^{b} \end{bmatrix}^{\mathrm{T}}$ 为子惯导陀螺的常值漂移，$\nabla^{b_s} = \begin{bmatrix} \nabla_{x^s}^{b} & \nabla_{y^s}^{b} & \nabla_{z^s}^{b} \end{bmatrix}^{\mathrm{T}}$ 为子惯导加速度计的常值偏置误差；$\boldsymbol{\mu}^{n_0} = \begin{bmatrix} \mu_x & \mu_y & \mu_z \end{bmatrix}^{\mathrm{T}}$ 为弹体安装误差角，则系统的状态方程为

$$\begin{cases} \dot{\boldsymbol{\varphi}}^{n_0} = -\boldsymbol{C}_{b_s}^{n_0} \widetilde{\boldsymbol{\varepsilon}}^{b_s} \\ \delta \dot{\boldsymbol{V}}^{n_0} = (\boldsymbol{C}_{b_s}^{n_0} f^{b_s}) \times \boldsymbol{\varphi}^{n_0} + \boldsymbol{C}_{b_s}^{n_0} \nabla^{b_s} \\ \dot{\boldsymbol{\varepsilon}}^{b_s} = \boldsymbol{0} \\ \dot{\nabla}^{b_s} = \boldsymbol{0} \\ \dot{\boldsymbol{\mu}}^{n_0} = \boldsymbol{0} \end{cases}$$

由于采用速度＋姿态匹配传递对准模式，因此量测量可以选取为

$$\boldsymbol{Z} = \begin{bmatrix} \boldsymbol{Z}_V \\ \boldsymbol{Z}_\theta \end{bmatrix}$$

其中

$$\boldsymbol{Z}_V = \hat{\boldsymbol{V}}_{es}^{n_0} - (\hat{\boldsymbol{V}}_{em}^{n_0} + \hat{\boldsymbol{V}}_{LA}^{n_0})$$

$\hat{\boldsymbol{V}}_{em}^{n_0}$ 为主惯导输出的载机地速；$\hat{\boldsymbol{V}}_{es}^{n_0}$ 为子惯导输出的弹体地速，$\hat{\boldsymbol{V}}_{LA}^{n_0}$ 为由主惯导输出计算得到的杆臂速度。

$$\boldsymbol{Z}_\theta = \begin{vmatrix} \dfrac{\boldsymbol{Z}_{\mathrm{DCM}}(3,2) - \boldsymbol{Z}_{\mathrm{DCM}}(2,3)}{2} \\[2mm] \dfrac{\boldsymbol{Z}_{\mathrm{DCM}}(1,3) - \boldsymbol{Z}_{\mathrm{DCM}}(3,1)}{2} \\[2mm] \dfrac{\boldsymbol{Z}_{\mathrm{DCM}}(2,1) - \boldsymbol{Z}_{\mathrm{DCM}}(1,2)}{2} \end{vmatrix}$$

$$\boldsymbol{Z}_{\mathrm{DCM}} = \hat{\boldsymbol{C}}_{b_m}^{n_0}\hat{\boldsymbol{C}}_{n_0}^{b_s} = (\boldsymbol{I} - [\boldsymbol{\varphi}_m^{n_0} \times])\boldsymbol{C}_{b_m}^{n_0}\boldsymbol{C}_{n_0}^{b_s}(\boldsymbol{I} + [\boldsymbol{\varphi}^{n_0} \times])$$

$\boldsymbol{\varphi}_m^{n_0}$ 为主惯导的姿态误差角,可视为白噪声;$\boldsymbol{\varphi}^{n_0}$ 为子惯导的姿态误差角;$\hat{\boldsymbol{C}}_{b_m}^{n_0}$ 为主惯导输出的载机姿态矩阵;$\hat{\boldsymbol{C}}_{b_s}^{n_0}$ 为子惯导输出的弹体姿态矩阵。

系统的量测方程为

$$\boldsymbol{Z} = \begin{bmatrix} \boldsymbol{0}_{3\times3} & \boldsymbol{I}_{3\times3} & \boldsymbol{0}_{3\times3} & \boldsymbol{0}_{3\times3} & \boldsymbol{0}_{3\times3} \\ \boldsymbol{I}_{3\times3} & \boldsymbol{0}_{3\times3} & \boldsymbol{0}_{3\times3} & \boldsymbol{0}_{3\times3} & \boldsymbol{C}_{b_m}^{n_0} \end{bmatrix}\boldsymbol{X} + \begin{bmatrix} \boldsymbol{V}_V \\ \boldsymbol{V}_\theta \end{bmatrix}$$

其中,$\boldsymbol{V}_V$ 为零均值高斯白噪声,$\boldsymbol{V}_\theta$ 为零均值高斯白噪声。

6.5.2　评估原理

传递对准技术是机载导弹捷联惯导系统的关键技术之一,传递对准的精度将直接影响该弹载子惯导系统的导航精度。传递对准的主要任务是精确确定弹载子惯导坐标系与真实导航坐标系之间的初始方向余弦矩阵,并要求对准精度高、对准时间短。

在弹载子惯导传递对准的三个失准角中,水平对准的精度很容易验证,而方位对准精度的验证是非常困难的。目前,许多方法被用来检测方位对准精度,大多数文献采用固定点最优平滑的方法来对方位角的对准精度进行评估,结果表明,利用固定点平滑算法来评估和检验方位角对准精度是可行的。为了定量介绍评估的工程化算法的有效性,评估方案考虑以下的因素:

(1) 假设弹载子惯导传递对准完成时刻的初始姿态角为 $[1° \ 2° \ 3°]$。

(2) 假设载机的航向保持向西 $-90°$ 飞行,其飞行速度为 230 m/s。

（3）假设传递对准初始位置为北纬34.030 06°、东经108.764 05°，海拔高度448 m，飞行高度为7000 m。

（4）实验过程前100 s为传递对准过程，后120 s为固定点平滑过程，第100 s点是传递对准完成时刻。

6.5.3 评估仿真实验

为了对机载导弹捷联惯导系统的传递对准精度进行有效评估，需要讨论卡尔曼固定点最优平滑算法，在机载导弹捷联惯导系统的速度＋姿态匹配传递对准数据事后处理中的应用。在速度＋姿态匹配传递对准的事后分析中，利用固定点最优平滑算法，通过处理记录的机载导弹捷联惯导系统传递对准过程的卡尔曼滤波数据，来计算弹载子惯导的失准角，并将其作为参考失准角，对弹载子惯导的方位及水平对准精度进行评估。采用固定点最优平滑算法对传递对准精度进行评估如图6-15所示。

为了能够有效地进行工程实施，保证传递对准精度评估算法在实际带飞飞行时的切实可行及滤波参数的合理设置，当机载主惯导系统为参考系统时的平滑准确度如表6-2所示。

在表6-2中，百分数表示平滑值的准确度，准确度定义为1与相对误差绝对值之差。由于对惯性元器件误差的估计极差，因此未给出对这些误差量的估计和平滑结果。

由图6-15和表6-2可以看出，固定点平滑算法不仅精度比卡尔曼滤波精度高，而且由固定点平滑算法得到的失准角估计曲线也比卡尔曼滤波得到的曲线变化平缓。研究表明该平滑算法具有良好的性能，是一种有效的事后处理方法，它可以对弹载子惯导系统的方位对准和水平对准的精度进行有效评估和检验。

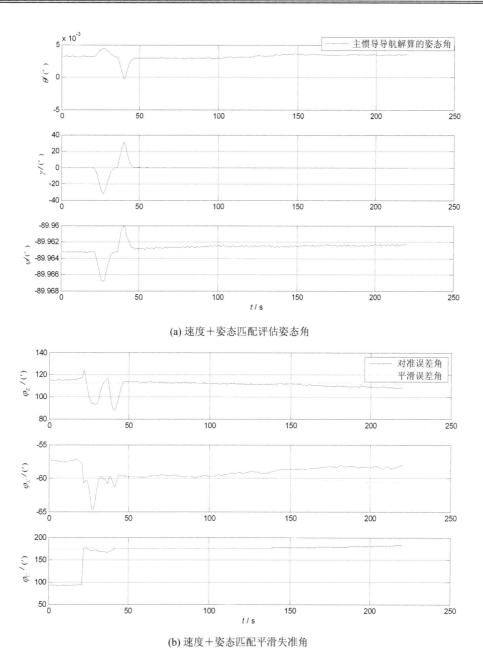

(a) 速度＋姿态匹配评估姿态角

(b) 速度＋姿态匹配平滑失准角

图 6-15　采用固定点最优平滑算法对传递对准精度进行评估

表 6-2   机载主惯导系统为参考系统时的平滑准确度

平滑时间/s	$\hat{\varphi}_E/(')$	准确度/%	$\hat{\varphi}_N/(')$	准确度/%	$\hat{\varphi}_U/(')$	准确度/%
0	116.839 893	97.3665	−57.918 545	96.5309	175.647 083	97.5817
10	118.635 254	98.8627	−57.900 939	96.5015	175.381 307	97.4340
20	118.801 337	99.0011	−58.612 896	97.6869	175.410 096	97.4500
30	118.578 434	98.8153	−58.241 383	97.0689	175.440 377	97.4668
40	118.326 138	98.6051	−59.878 844	99.7980	175.467 800	97.4821
50	118.093 932	98.4116	−59.533 545	99.2225	175.492 274	97.4957
60	117.883 209	98.2360	−59.264 868	98.7747	175.515 356	97.5085
70	117.687 985	98.0733	−59.105 831	98.5097	175.537 907	97.5210
80	117.504 834	97.9206	−59.042 616	98.4043	175.559 822	97.5332
90	117.330 405	97.7753	−60.095 867	99.8403	175.581 498	97.5452
100	117.178 539	97.6487	−60.157 958	99.7367	175.601 147	97.5561
110	116.998 317	97.4985	−60.563 095	99.0616	175.625 318	97.5696
120	116.839 893	97.3665	−60.918 545	98.4691	175.647 083	97.5817

参 考 文 献

[1] 秦永元. 惯性导航[M]. 北京：科学出版社，2006.

[2] 任思聪. 实用惯性系统原理[M]. 北京：宇航出版社，1986.

[3] 黄德鸣，程禄. 惯性导航系统[M]. 哈尔滨：哈尔滨工程大学出版社，1999.

[4] 罗建军. 组合导航原理及应用[M]. 西安：西北工业大学出版社，2012.

[5] 刘智平，毕开波. 惯性导航与组合导航基础[M]. 北京：国防工业出版社，2013.

[6] 秦永元，张洪钺，王淑华. 卡尔曼滤波与组合导航原理[M]. 西安：西北工业大学出版社，1998.

[7] SCHAFFRIN B. Generating robustified Kalman Filter for the integration of GPS and INS [R]，Tech Rep 15，Institute of Geodesy，University of Stuttgart，1991.

[8] PORAT B，BAR-ITZHACK I Y. Effect of acceleration switching during INS in flight alignment. Journal of Guidance Control，Dynamics，1981，4(4)：385－389.

[9] MOHINDER S G. Application of Kalman filtering to the calibration and alignment of inertial navigation system，Control，1991：14－18.

[10] 高劲松，邹庆元，丁全心. 超视距空战的几个观点[J]. 电光与控制，2008，15(5)：44－62.

[11] 葛致磊，卢晓东，周军. 导弹制导系统原理[M]. 北京：国防工业出版社，2015.

[12] 付梦印，郑辛，邓志红，等. 传递对准理论与应用[M]. 北京：科学出版社，2012.

[13] 王司，邓正隆. 惯导系统动基座传递对准技术综述[J]. 中国惯性技术学报，2003，11(2)：61－67.

[14] 杨管金子，李建辰，黄海，等. 基于主惯导参数特性的传递对准调平方法[J]. 水下无人系统学报，2018，26(6)：537－542.

[15] 程海彬，鲁浩，位晓峰. 捷联惯导快速传递对准试验系统设计[C]. 中国惯性技术学会第七届学术年会论文集. 2015.

[16] 任晓军，刘冲，李海军，等. 一种基于动态挠曲误差估计的"速度＋姿态"传递对准方法[J]. 导航定位与授时，2018，5，25(4)：31－35.

[17]   俞济祥. 惯性导航系统各种传递对准方法讨论[J]. 航空学报, 1988, 9(5): 211 - 217.

[18]   SAVAGE P G. Strapdown Inertial Navigation Integration Algorithm Design Part 1: Attitude Algorithms[J]. Journal of Guidance, Control, Dynamics, 1998, 21(1): 19 - 28.

[19]   张雪燕, 赵剡, 司帆, 等. 一种新的基于 ANSYS 的机翼挠曲变形建模方法[J]. 导航定位与授时, 2019, 6(01): 39 - 46.

[20]   艾佛里尔, 查特菲尔德 B, 等. 高精度惯性导航基础[M]. 武凤德, 李凤山, 等译. 北京: 国防工业出版社, 2002.

[21]   季云健, 黄国勇. 抗差 SRCKF 滤波在惯性导航初始对准中的应用[J]. 信息技术, 2019, 43(1): 48 - 52.

[22]   聂莉娟, 吴俊伟, 田炜. H_∞ 滤波及其在惯导初始对准中的应用[J]. 中国惯性技术学报, 2003, 11(6): 39 - 43.

[23]   胡再刚. 基于 H_∞ 的传递对准方法研究[D]. 哈尔滨工程大学学位论文, 2007.

[24]   段志勇, 袁信. H_∞ 滤波在组合导航系统中的应用研究[J]. 南京航空航天大学学报, 2000, 32(2): 189 - 193.

[25]   方群, 丁滢颖, 袁建平. 机载导弹捷联惯导系统快速传递对准方法研究[J]. 飞行力学, 2001, 19(4): 49 - 53.

[26]   李蓓, 高伟, 王嘉男, 等. 传递对准中杆臂效应误差的补偿研究[J]. 弹箭与制导学报, 2008, 28(6): 49 - 52.

[27]   徐晓苏, 万德钧. 舰载捷联惯性系统中杆臂效应误差的研究[J]. 东南大学学报, 1994, 24(2): 123 - 126.

[28]   曹洁, 刘光军, 高伟, 等. 捷联惯导初始对准中杆臂效应误差的补偿[J]. 中国惯性技术学报, 2003, 11(3): 39 - 44.

[29]   高青伟, 赵国荣, 王希彬, 等. 传递对准中载舰挠曲变形和杆臂效应一体化建模与仿真[J]. 航空学报, 2009, 30(11): 2172—2177.

[30]   《惯性技术手册》编辑委员会. 惯性技术手册[M]. 北京: 宇航出版社, 1995.

[31]   以光衢. 惯性导航原理[M]. 北京: 航空工业出版社, 1987.

[32]   卞鸿巍. 现代信息融合技术在组合导航中的应用[M]. 北京: 国防工业出版社, 2010.

[33] 邱浩阳. 弹载惯导平台系统误差系数标定方法研究[D]. 国防科学技术大学学位论文, 2013.

[34] 王海亮, 石志勇, 李国璋, 等. 弹载捷联惯导简易在线标定方案研究[J]. 火炮发射与控制学报, 2018, 39(4): 8—12+17.

[35] 李志敏, 赵剡, 王纪南. 考虑杆臂及安装误差角的快速传递对准[J]. 中国惯性技术学报, 2008, 16 (5): 553—555.

[36] 王律化, 石志勇, 宋金龙, 等. 载体行进间对准杆臂误差补偿算法[J]. 现代防御技术, 2019, 47(01): 38—44.

[37] 李倩, 黄磊, 高伟, 等. 考虑外杆臂效应的捷联惯导系统罗经对准方法. CN 106123917 A[P]. 2016.

[38] ROSS C C, ELBERT T F. A Transfer Alignment Algorithm Study Based on Actual Flight Test Data From a Tactical Air-to-Ground Weapon Launch. IEEE Transactions on Aerospace and Electronic Systems, 1994: 431—438.

[39] LIM Y C, LYOU J. An error compensation methed for transfer alignment[C], proceedings of IEEE Conference on Electrical and Electronic Technology, TENCON, 2001, 2: 850—855.

[40] 房建成, 张舟, 宫晓琳. 机载分布式 POS 传递对准建模与仿真[J]. 中国惯性技术学报, 2012, 20(4): 379—385.

[41] 崔乃刚, 林晓辉. 弹性机翼对机载导弹子惯导系统导航精度的影响分析[J]. 宇航学报, 1998, 19(4): 21—27.

[42] 陈佳斌, 邹丛青, 杨超. 气动弹性设计基础[M]. 北京: 北京航空航天大学出版社, 2004.

[43] 陈雨, 赵剡, 李群生, 等. 快速传递对准中主惯导信息滞后补偿方法[J]. 中国惯性技术学报, 2013, 21(5): 576—580.

[44] 王连增. 主子惯导传递匹配标定技术[D]. 哈尔滨工程大学学位论文, 2018.

[45] 夏家和, 秦永元, 赵长山. 传递对准中主惯导参考信息滞后处理方法研究[J]. 兵工学报, 2009, 30(3): 342—345.

[46] 解春明, 赵剡, 杨传春. 信息时标不一致对传递对准的影响及修正[J]. 中国惯性技

术学报，2010，18(4)：414－420.

[47] 苏永清，彭浩，赵恒. 动基座传递对准信息延时的分析与仿真[J]. 机电一体化，2012，18(3)：43－47.

[48] 陈刚，周超，刘红光. 时间延迟对姿态角匹配传递对准的影响[J]. 中国惯性技术学报，2014，2：172－176.

[49] SCHNEIDER A M. Kalman filter formulation for transfer alignment of Strapdown inertial units[J]. Navigation，1983，1：72－89.

[50] 于飞，翟国富，李倩，等. 速度加角速度匹配传递对准方法研究[J]. 传感器与微系统，2009，28(6)：69－72.

[51] 徐景硕，王晓飞，罗恬颖，等. 两种组合匹配方案在舰载传递对准中的应用[J]. 计算机仿真，2015，32(11)：63－66.

[52] 阮娟，杨栓虎，谭磊，等. 机载导弹传递对准匹配方案研究[J]. 弹箭与制导学报，2010，30(1)：43－46.

[53] TARRANT D，ROBERTS C，et al. Rapid and robust transfer alignment[A]. IEEE Proceedings of Aerospace Control Systems，1993：758－762.

[54] AHN H S，WON C H. Fast Alignment using Rotation Vector and Adaptive Kalman Filter[J]. IEEE Transactions on Aerospace and Electronic Systems，2006，42(1).

[55] 陈刚，刘红光，王戈，等. 机动对速度匹配法传递对准效果的影响[J]. 中国惯性技术学报，2010，18(6)：653－659.

[56] EDUARDO N，HUGH D W. Initial calibration and alignment of Low cost Inertial Navigation Units for land vehicle applications[J]. Journal of Robotics Systems，1999，16(2)：81－92.

[57] JAN W，JURGEN M，GERT F. Trommer. Rapid Transfer Alignment in the Presence of Time Correlated Measurement and System Noise[J]. AIAA Guidance，Navigation，Control Conference and Exhibit，2004.

[58] KALMAN R E. A New Approach to Linear Filtering and Prediction Problems[J]. Journal of Basic Eng. 1960，82D：35－46.

[59] 解春明，赵剡，王纪南. 传递对准中机翼弹性变形建模与滤波处理[J]. 北京航空航

天大学学报，2010，36(8)：931－935.

[60] 王司，邓正隆. 惯导系统动基座传递对准技术综述[J]. 中国惯性技术学报，2003，11(2)：61－67.

[61] 陈璞，冯培德. 一种快速传递对准改进方案的设计仿真[J]. 中国惯性技术学报，2001，9(1)：16－19.

[62] 钟润伍，陈帅. 基于最优姿态匹配的传递对准[C]. Chinese Control Conference 中国控制会议. 2014.

[63] ROSS C C，ELBERT T F. A transfer alignment algorithm study based on actual flight test data from a tactical air-to-ground weapon launch[C]. Position Location and Navigation Symposium，IEEE，1994：431－438.

[64] 王昱槐，吴涛涛，何佳洲. 角速度匹配法测量船体形变模型优化方法研究[J]. 指挥控制与仿真，2018，1：67－71.

[65] 黄昆，单福林，杨功流，等. 舰载角速度匹配传递对准方法研究[J]. 中国惯性技术学报，2005，13(4)：1－5.

[66] 杨建强，刘斌，侯建军，等. 一种改进的速度加姿态匹配传递对准方法[J]. Optics & Optoelectronic Technology，2014，12(6).

[67] 全振中，石志勇，王怀光，等. 速度加姿态匹配的捷联惯导在线标定路径设计[J]. 火力与指挥控制，2013，38(7)：145－148.

[68] 陈勇. 速度加姿态匹配传递对准技术研究[D]. 哈尔滨工业大学学位论文，2017.

[69] 孔星炜，董景新，郭美凤. 速度与角速度双积分匹配传递对准[J]. 清华大学学报(自然科学版)，2011，4：443－447.

[70] 蔡迎波. 基于速度加角速度匹配的传递对准优化算法设计[J]. 光学与光电技术，2019.

[71] 王鹏飞. 局部基准速度加角速度传递对准方法研究[J]. 光学与光电技术，2015，13(1)：47－49.

[72] 赵岩良. 速度加角速度匹配传递对准的研究[J]. 中国科技博览，2011，29：27.

[73] LIM Y C，LYOU J. Transfer Alignment Error Compensator Design Using H_∞ Filter，Proceedings of the American Control Conference Anchorage，2002：1460－1465.

[74] 刘瑜，王海维，高社生. 高动态环境下基于 H_∞ 滤波的深组合导航技术[J]. 火力与指挥控制，2010，35(11)：184 – 187.

[75] 李燕凡，刘珊中，魏玲. An H_∞ Filter Designed for Stabilization Control System of Airborne EO Tracking and Pointing Platform[J]. Electronics Optics & Control，2015，22(6)：60 – 63.

[76] 刘晓光，胡静涛，王鹤，等. 基于自适应 H_∞ 滤波的组合导航方法研究[J]. 仪器仪表学报，2014，35(5)：1013 – 1021.

[77] WESTON J D，TITTERTON D H. Modern Inertial Technology and its Application [J]. Electronics & Communication Journal，2000，12(2)：49 – 64.

[78] JULIER S J，UHLMANN J K. A new extension of Kalman Filter to nonlinear systems[A]. The proceedings of the American control conference[C]. 1995：1628 – 1632.

[79] YAMAMOTO G H，BROWN J I. Design，Simulation and Evaluation of Kalman Filter Used to Align the SRAM Missile[A]，Proc. of the AIAA Guidance Control and Flight Mechanics Conference[C]，1971.

[80] 程建华，徐英蛟，李美玲. 基于 H_∞ 次优滤波的速度＋角速度传递对准研究[J]. 传感器与微系统，2015，34(12)：43 – 46.

[81] CARLSON N A. Federated filter for fault-tolerant integrated navigation systems [A]. PLANS[C]，1988：110 – 119.

[82] CARLSON N A. Federated square root filter for decentralized parallel processes [J]. IEEE AES. 1990，26(3)：517 – 525.

[83] 段睿，张小红，朱锋. 多源信息融合的组合导航自适应联邦滤波算法[J]. 系统工程与电子技术，2018，40(2)：267 – 272.

[84] 张靖，陈鸿跃，陈雨，等. 一种基于联邦卡尔曼滤波器的多源信息融合定位算法[J]. 导弹与航天运载技术，2018，360(2)：90 – 98.

[85] 卢航，郝顺义，沈飞，等. 基于融合状态递推的非线性联邦滤波器故障检测算法[J]. 航天控制，2018，36(2)：88 – 92.

[86] 西蒙·赫金. 自适应滤波器原理[M]. 北京：电子工业出版社，2006.

[87] 潘士先. 谱估计和自适应滤波[M]. 北京：北京航空航天大学出版社，1991.

[88] 陈卓,任久春,朱谦. 基于梯度下降的自适应姿态融合算法[J]. 传感器与微系统, 2019,38(3):130-132.

[89] 韩君,郑晓. 改进变步长自适应分布式滤波算法[J]. 机械设计与制造,2019,335 (1):162-165.

[90] 刘昊,陈光武,魏宗寿,等. 改进的最小二乘自适应滤波陀螺仪去噪方法[J]. 仪器 仪表学报,2018,4.

[91] 柏菁,刘建业,袁信. 模糊自适应卡尔曼滤波技术研究[J]. 信息与控制,2002. 31(3).

[92] 裴福俊,万德钧. 模糊信息融合方法在分布式基准系统中的应用[J]. 舰船电子工 程,2005,4:100-104.

[93] 刘钧圣,朱文彪. 一种模糊自适应 INS/GPS 组合导航方法[J]. 现代防御技术, 2005,10:20-25.

[94] SASIADEK J Z, WANG Q, ZEREMBA M B. Fuzzy Adaptive Kalman Filtering for INS/GPS Data Fusion[A]. IEEE International Symposium on Intelligent Control, Rio, Patras, Greece, 2000:17-19.

[95] ESCAMILLA-AMBROSIO P J, MORT N. A Hybrid Kalman Filter-Fuzzy Logic Adaptive Multisensor Data Fusion Architectures[A]. IEEE Conference on Decision and Control, Hawaii, December, 2003.

[96] SASIADEK J Z, WANG Q. Sensor Fusion Based on Fuzzy Kalman Filtering for Autonomous Robot Vehicle[A]. IEEE International Conference on Robotics and Automation, Detroit, 1999:10-15.

[97] ZHANG S T, WEI X Y. Fuzzy Adaptive Kalman Filtering for DR/GPS[A]. International Conference on Machine Learning and Cybernetics, 2003:2-5.

[98] 刘国燕,徐晓苏,白宇骏. 基于 H 滤波算法的前向神经网络在 SINS 初始对准中的 应用[J]. 东南大学学报(自然科学版),2003,33(3):331-334.

[99] GU D, QIN Y, ZHENG JB. Fuzzy Adaptive Kalman Filter for Marine SINS Initial Alignment[A]. International Symposium on Test and Measurement, Dalian, 2005:1-4.

[100] 顾冬晴. 机载战术武器的传递对准及其精度评估技术研究[D]. 西北工业大学硕士

学位论文，2004.

[101] 亓洪标，吴苗，郭士荦. 捷联惯导系统初始对准精度评估算法[J]. 计算机仿真，2017，34(2)：16 - 19.

[102] 鲁浩，杜毅明，尉新亮. 空空导弹惯导系统传递对准中飞机惯导系统参数的应用[J]. 航空兵器，2000，1.

[103] 车忠辉. 动基座捷联惯导系统传递对准精度评估方案研究[D]. 西北工业大学学位论文，1999.

[104] RAUCH H E，TUNG F，STRIEBEL C T. Maximum Likelihood Estimates of Linear Dynamic Systems，AIAA Journal，1965，3(8)：1445 - 1450.

[105] GREWAL M S，MIYASAKO R S，SMITH J M. Application of fixed point smoothing to the calibration，alignment and navigation data of inertial navigation systems[A]. Proc. of IEEE PLANS'88，Orlando，1998：476 - 479.

[106] 苏身榜. 最优平滑技术应用于传递对准惯导系统的初始对准精度试验估计[J]. 战术导弹控制技术，2001，1：2 - 7.

[107] 车忠辉，秦永元. 固定区域平滑及其在惯导初始对准精度评估中的应用[J]. 导航，1999，35(1)：111 - 116.

[108] 张海涛，顾冬晴，万颜辉，等. 传递对准精度评估中参考匹配量的转换和修正[J]. 西北工业大学学报，2003，21(3)：336 - 339.

[109] WATANABE K. New computationally efficient formula for backward-pass fixed-interval smoother and its UD factorization algorithm[A]. IEE Proc，1989，136 D (2)：73 - 78.

[110] 杨兴文. 战术导弹捷联惯导舰载动基座对准技术研究[D]. 哈尔滨工程大学硕士学位论文，2005.

[111] SHORTELLE K J，GRAHAM W R. F - 16 Flight Tests of a Rapid Transfer Alignment Procedure[A]. IEEE RLANS，1998：379 - 386.

[112] 朱志瑛. 空空导弹捷联惯导系统传递对准精度评估方案设计[J]. 航空兵器，2002，5：1 - 4.